全国高等院校环境艺术设计专业规划教材

景观建构

黄耘　周秋行　编著

国家一级出版社
全国百佳图书出版单位

西南师范大学出版社
XINAN SHIFAN DAXUE CHUBANSHE

图书在版编目(CIP)数据

景观建构／黄耘，周秋行编著．－重庆：西南师范大学出版社，2008.4（2015.7重印）

全国高等院校环境艺术设计专业规划教材

ISBN 978-7-5621-4079-5

Ⅰ.景… Ⅱ.①黄… ②周… Ⅲ.景观－园林设计－高等学校－教材 Ⅳ.TU986.2

中国版本图书馆CIP数据核字(2008)第024926号

丛书策划：李远毅 王正端

全国高等院校环境艺术设计专业规划教材
主编：郝大鹏　执行主编：韦爽真

景观建构　黄耘 周秋行 编著

责任编辑：王正端 戴永曦
封面设计：田智文 王正端
版式设计：汪 耿
出版发行：西南师范大学出版社
地　　址：重庆市北碚区天生路2号
邮　　编：400715
http://www.xscbs.com
电　　话：(023)68860895
传　　真：(023)68208984
经　　销：新华书店
制　　版：重庆海阔特数码分色彩印有限公司
印　　刷：重庆康豪彩印有限责任公司
开　　本：889mm×1194mm 1/16
印　　张：7.25
字　　数：232千字
版　　次：2008年5月　第1版
印　　次：2015年7月　第2次印刷
ISBN 978-7-5621-4079-5
定　　价：36.00元

本书如有印装质量问题，请与我社读者服务部联系更换，读者服务部电话：(023)68252507。
市场营销部电话: (023)68868624 68253705

西南师范大学出版社正端美术工作室欢迎赐稿，出版教材及学术著作等。
正端美术工作室电话：(023)68254657(办)　13709418041　E-mail：xszdms@.163.com

序

郝大鹏

环境艺术设计市场和教育在内地已经喧嚣热闹了多年，时代要求我们教育工作者本着认真思考的态度，沉淀出理性的专业梳理，面对一届届跨入这个行业的学生，给出较为全面系统的答案，本系列教材就是针对环境艺术专业的学生而编著的。

编著这套与课程相对应的系列丛书是时代的要求、是发展的机遇，也是对本学科走向更为全面、系统的挑战。

它是时代的要求。随着经济建设全面快速的发展，环境艺术设计在市场实践上一直是设计领域的活跃分子，创造着新的经济增长点，提供着众多的就业机会，广大从业人员、自学者、初学者亟待一套集理论分析与实践操作相统一的，可读性强、针对性强的教材。

它是发展的机遇。大学教育走向全面的开放，从精英教育向平民教育的转变使得更为广阔的生源进到大学，学生更渴求有一套适合自身发展、深入浅出并且与本专业的课程能一一对应的系列教材。

它也是面向学科的挑战。环境艺术设计的教学与建筑、规划等不同的是它更具备整体性、时代性和交叉性，需要不断地总结与探索。经过二十多年的积累，学科发展要求走向更为系统、稳定的阶段，这套教材的出版，对这一要求无疑是有积极的推动作用的。

因此，本套系列教材根据教学的实际需要，同时针对教材市场的各种需求，具备以下的共性特点：

1. 注重体现教学的方法和理念，对学生实际操作能力的培养有明确的指导意义，并且体现一定的教学程序，使之能作为教学备课和评估的重要依据。从培养学生能力的角度分为理论类、方法类、技能类三个部分，细致地讲解环境艺术设计学科各个层面的教学内容。

2. 紧扣环境艺术设计专业的教学内容，充分发挥作者在此领域的专长与学识。在写作体例上，一方面清楚细致地讲述每一个知识点、运用范围及传承与衔接；另一方面又展示教学的内容，学生的领受进度。形成严谨、缜密而又深入浅出、生动的文本资料，成为在教材图书市场上与学科发展紧密结合、与教学进度紧密结合的范例，成为覆盖面广、参考价值高的第一手专业工具书与参考书。

3. 每一本书都与设置的课程相对应，分工细腻，专业性强，体现了编著者较高的学识与修养，插图精美、说明图例丰富、信息量大，博采众家之长而又高效精干。

最后，我们期待着这套凝结着众多专业老师和专业人士丰富教学经验与专业操守的教材能带给读者专业上的帮助，也感谢西南师范大学出版社的全体同仁为本套图书的顺利出版所付出的辛勤劳动，预祝本套教材取得成功！

2008年1月于重庆虎溪大学城

前言

本书是"全国高等院校环境艺术设计专业规划教材"中的一本技术类教材，这是笔者在十多年教学和实践基础上编著而成的。考虑到当前环境艺术设计专业高校学生的迫切需要，并根据环境艺术设计专业的教学大纲，本书的编排与专业设计课程相对应，努力成为既包括学科的基本内容，又体现工程技术最新成果的特色教育。

笔者希望本书中呈现的有关资料能够激发高校学生的兴趣，并通过阅读本书可以基本理解景观构筑物深入设计的全过程。因此本书致力于景观构筑物深入设计阶段的"设计——构造——施工"三个方面，是基于景观方案设计和设计原理之后，深入到景观构筑物细部构造和施工的过程而安排的。强调学生的思维训练、技法训练和实践能力培养三位一体、共同加强，这有利于学生的从业能力的有效提高。

本书将城市公共空间中的景观构筑物按性质与作用的不同，分为城市空间元素、城市家具、城市公共空间绿化和城市公共空间水景四大类进行介绍，主要针对道路、步行街、广场、市民休闲公园、城市滨水区及居住区的景观建构的相关内容，着重培养学生的城市公共空间相应景观元素的建构设计与构造能力。

本书章节编排一目了然，强调教材与课程的对应性，并努力通过景观构筑物的细部设计相关方法以及构造施工相关知识的介绍，使学生科学地认识景观构筑物设计各阶段各步骤的知识点，同时引入优秀案例以及设计训练作业和思考题，着重让学生理解与掌握景观构筑物设计各元素的"设计——构造——施工"相关知识，达到将"设计想象"落实到现实建构的目的，这是本书在写作结构和内容组织上的最大特点。

为了发挥本书的最佳使用效能，使用者可以作为独立的建构课程初步设计阶段的教材使用——通过讲解景观建构的每个知识点，并根据作业和思考题进行训练。亦可作为环艺设计课程的延伸内容，即在完成景观设计方案后的一个深入设计阶段的课程使用——将前阶段方案设计中涉及的景观构筑物进行深化设计，旨在使方案达到初步设计深度，为下一步施工设计提供条件。

对于已经从事设计或工程技术的人来说，这本书也可以作为一本有益的参考书和资料集，因为它提供了关于构造大样和施工技术方面的实用信息，尽可能着重于实用借鉴和启发创新。这本书的某些部分也适用于学习风景园林的学生和从事实践工作的园林规划师和建筑师。

由于时间仓促，客观条件有限，本书在诸多方面难免有所疏漏，一并恳望广大读者给予批评指正。

黄耘　周秋行

2008年4月于桃花山

目录

第一章 城市空间元素的设计与作法
- 1　第一节　铺装
- 4　第二节　道路
- 10　第三节　路缘
- 14　第四节　路障
- 18　第五节　平台
- 25　第六节　台阶踏步与坡道
- 29　第七节　排水沟
- 32　第八节　挡土墙
- 34　第九节　栅栏与围墙
- 40　第十节　铺面板与栈道

第二章 城市家具的设计与作法
- 49　第一节　休憩——椅子、凳子和桌椅组
- 58　第二节　照明——照明装置与设施
- 60　第三节　讯息——标志牌和信息板
- 64　第四节　公共服务设施

第三章 城市公共空间的绿化设计与作法
- 86　第一节　城市屋顶绿化
- 90　第二节　广场街道绿化器具

第四章 城市公共空间水景作法
- 107　附录1：图例
- 109　附录2：单位换算表
- 110　后记
- 110　主要参考文献

第一章 城市空间元素的设计与作法

第一节 铺装

一、设计

步行街、广场、运动场、停车场等大型连续铺装地面区的设计,关键是要保持地面外观均匀。排水每隔一定距离设置下水口,这会使连续的地面间断,从而增加了沉降和淤堵的可能。气候条件和使用强度经常会限制地面颜色、质地、反射性和类型的选择。规模经济和施工的一致性会使此类铺装单位成本比较低。

与此同时,连接处的过渡铺装区地面铺装通常明确区分车辆区和行人区之间的不同,并常用路牙、斜坡、完全不同的材料或柱栏分开。这个区域的主要目的是让行人感到安全,符合美观以及文化的要求。由于该区使用强度大、边缘多变和不同的类型及多种用途荷载的需要会使建设成本较高。

铺装性能比较

表1.1.1是影响设计决策的铺装特点及正反两方面因素的评估。

表1.1.1 各种铺装类型优缺点对照表

铺装类型	优势	劣势
混凝土	·铺筑容易 ·可有多种表面、颜色、质地 ·表面耐久 ·整年使用和多种用途 ·使用期维护成本低 ·热量吸收低 ·表面坚硬,无弹性 ·可做成曲线形式	·需要有接缝 ·有的表面并不美观 ·如铺筑不当会分解 ·难以使颜色一致及持久 ·浅颜色反射并能引起眩光 ·有些类型会受防冻盐腐蚀 ·张力强度相对较低且易碎 ·弹性低

续表

铺装类型	优势	劣势
现场制作		
沥青	·热辐射低且日光反射弱 ·整年使用和多种用途 ·耐久 ·维护成本低 ·表面不吸尘 ·弹性随混合比例而变化 ·表面不吸水 ·可做成曲线形式 ·可做成通气型	·边缘如无支撑将易磨损 ·热天会软化 ·汽油、煤油和其他石油溶剂可将其溶解 ·如果水渗透到底层易受冻涨损害
合成表面（专用的）	·可用于特殊目的设计（如运动场、跑道） ·颜色范围广 ·比混凝土或水泥弹性大 ·有时可铺设在旧的混凝土或沥青之上	·铺筑或维修可能需要专门培训的劳动力
单元铺筑	优势	劣势
砖	·防眩光 ·路面不滑 ·颜色范围广 ·尺度适中 ·容易维修	·铺筑成本高 ·清洁困难 ·冰冻天气会发生碎裂 ·易受不均衡沉降影响 ·会风化
瓷砖	·表面光滑，用于室内/室外	·只适于温暖的气候 ·铺筑成本高
土砖	·铺筑快且容易 ·如底层用适当的沥青固定剂，使用期会延长 ·颜色和质地丰富	·边缘易碎 ·会积存大量的热量 ·易碎，需要很平的基础(易裂) ·多尘土 ·只适于温暖且无雨的地区
石板	·如铺筑适当非常耐久 ·天然高质量风化材料	·铺筑费用较高 ·看上去冷、硬或像方形石片 ·色彩和随机图案有时不美观 ·过度磨损或湿时易滑
花岗岩	·坚硬且密实 ·在极易风化的天气条件下耐久 ·能承受重压 ·能够抛光成坚硬光洁表面，耐久且易于清洁	·坚硬致密，难于切割 ·有些类型易受化学腐蚀 ·相对较贵

续表

铺装类型	优势	劣势
沥灰岩	·切割容易 ·颜色和质地丰富	·易受化学腐蚀（特别是在湿润气候和城市环境下）
砂岩	·切割容易 ·耐久	·易受化学腐蚀（特别是在湿润气候和城市环境下）
页岩	·耐久 ·风化慢 ·颜色丰富	·相对较贵 ·湿时易滑
模压单体（合成）	·可选择或设计成用于各种目的（如坚硬、柔软） ·铺筑时间短 ·容易铺筑、拆除、重铺，且通常不需要专业化的劳动力 ·颜色范围广	·易受人为破坏 ·比沥青或混凝土铺筑成本高
柔性铺装	优势	劣势
级配砂石	·经济性的表面材料 ·颜色范围广	·根据使用情况每隔几年要进行补充 ·可能会有杂草生长 ·需要加边条
有机材料	·相对便宜 ·与自然环境相宜 ·在上面行走安静、舒适 ·颜色丰富多彩	·只适于轻载 ·需要定期补充或更换
草坪	·不易侵蚀 ·无尘土 ·排水良好 ·在上面行走安静、舒适 ·理想的娱乐场所 ·建造成本相对较低	·维护费用高且难，特别是在使用强度大的情况下
草坪砖	·除了较强的稳固性可负荷轻型车辆外，与草坪相同	·需要高水平维护（经常浇水等）
人工草砖	·与草坪表面相似 ·雨后能更快使用而无积水 ·活动表面的场地平坦 ·可制作记号标识在里面 ·没有像天然草地那样浇水和养护问题	·容易造成运动员受伤（作为运动场地） ·会使球滚动更快，弹性更高 ·比天然草地铺筑成本高

注：没有一种面层能满足所有室外活动的需要。每种活动都有它自己的面层要求。

二、构造

(一)铺装结构类型

以下是4种主要铺装结构类型：

图1.1.1是典型柔性铺装剖面，示意整体(A)和单体类型(B)。在松软的土质状况下，常用纤维层分隔路基与骨料层，以加强路基和保持结构的整体性并防止变形。用于行车的单体铺路石应使用富二氧化硅砂，而不是用石粉。

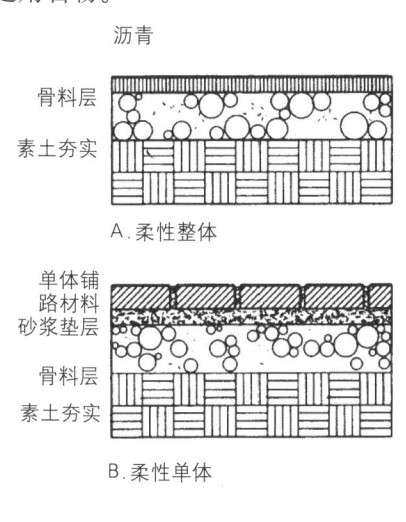

图1.1.1

图1.1.2是典型刚性铺装剖面，示意整体(A)和单体类型(B)。尽管许多地方特别是在温暖地区将硬质铺装直接铺筑在处理后的路基上，但为了延长使用期，建议使用骨料层。

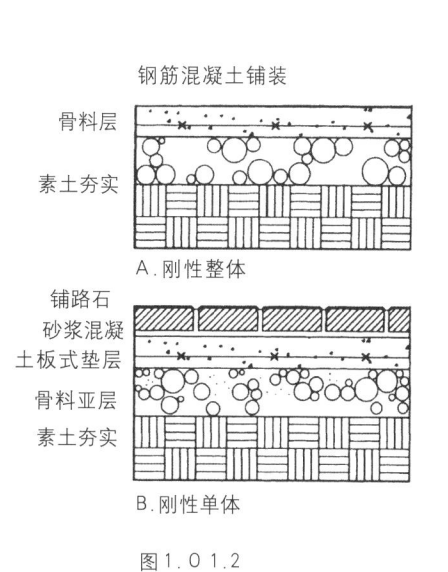

图1.0.1.2

(二)铺装细部构造大样

图1.1.3是混合式铺装说明图。此剖面图表示在严峻的环境中所需要的一系列铺装元素。

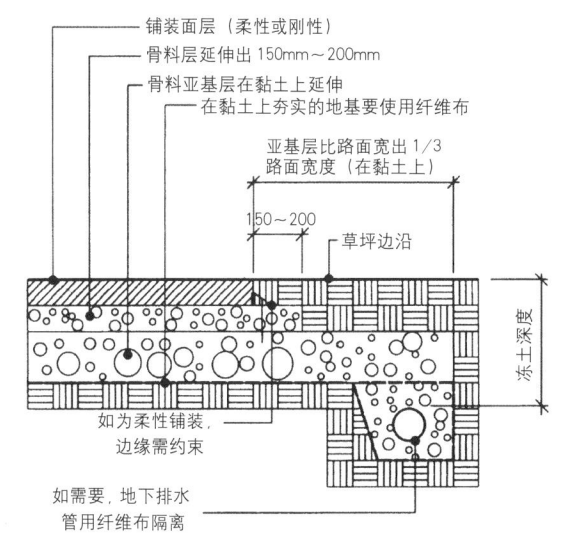

图1.1.3

三、施工

所有的铺装路基都需要适当地准备并仔细铺设粒石层。骨料层的厚度和组成在每种类型中都有变化。

(一)停车场等区域骨料层的铺设

在切碎和填充到需要的路基高度后，铺筑表面要根据要求处理(振动、碾压等)。面层必须要向排水处倾斜，通常倾斜度为0.3%且不能有明显的沟槽或脊线。此时黏土或软土需要铺设纤维层。骨料层或亚层每次铺筑的厚度为150mm～200mm，根据实际要求分层压实直到所需的厚度。此时要铺设边缘拦挡，如现浇水泥路牙、料石、金属桩或塑料挡边。在充分找平及表面处理后，在骨料层上就可以铺设面材和其他根据需要附加的砂浆垫层(单体铺装)。

(二)步行街和广场骨料层的铺设

铺设骨料层通常一次完成，因为这种场地深度极少超过150mm。骨料层边缘至少应宽出面层边缘

100mm。在使用单元铺路石的情况下，最好的做法是在骨料层上铺25mm的沙子，再铺面层，而不用传统的单层100mm沙子。骨料层厚度应达到能承受用于维护或服务车辆的承载要求。公共广场的铺装尽管主要是行人使用，但通常要达到名种服务性和紧急性车辆的承重，包括灭火设备，设计时要用较深的地基和较厚的面层。

作业训练

（一）铺装设计要求

1. 用铺装来区分空间——形成不同空间的创造性解决办法。（如：A.不同的色彩、材质和肌理 B.不同的地面标高）
2. 研究地方材质和使用地方材质的不同。
3. 总结不同材质的施工作法。
4. 总结铺装设计中的其他工程要求。（如：汇水方向）

（二）作业深度要求

1. 完成铺装设计初步方案，绘制平面图、剖面图、大样草图。
2. 完成铺装设计施工方案绘制平面图（比例：1∶100）、剖面图（比例：1∶100）、大样节点图（比例：1∶20）。

第二节 道路

一、设计

（一）道路路面材料的图案

如果铺路材料是尺寸较大的单元构件，像路面板一类，路面图案就应该做到尽可能的简洁。只有在需要满足一些特殊功能的时候才选用凸起于路面的图案。不要将许多颜色和形式的饰面装饰材料混合在一起使用。在选择铺路材料的时候，应该考虑到这条路的用途。例如，是车行道还是步行小路。在为一块大面积并且表面光滑的道路选择铺设材料的时候，要保证道路的整体设计不会和所选材料的图案发生冲突。在选择铺路材料的颜色时，首先要确定这些颜色是否跟周围的建筑和环境相协调。

一般情况下，我们很难设计大量复杂的路面图案，因为这些图案不能按透视比例缩小，以至于从地面上来看，它们是倾斜的。步行路的图案太复杂，所以会让人难于理解其中的含义。类似于砖的一些小的单元构件却为我们提供了丰富多彩的道路图案。铺路用的小方块，无论它是混凝土质的还是花岗岩质的，都为我们铺路提供了更大的灵活性，如曲线形和圆形的路面图案。但是在使用它们的时候，应该充分考虑道路的具体情况，看看是否适用。使用鹅卵石时，根据它不同的形状，可用来作防滑饰面或铺设步行路。当和其他材料一起构成图案时，鹅卵石可以用来填塞道路的转角部位，如果铺设合理的话，也可以单独用鹅卵石铺一些小路。

（二）路面材料的选择

一般情况下，为了使道路的路面材料有黏附力，材料的使用范围会受到限制，但是不能因为这个原因就使道路的饰面变得单调。同时，所选用的路面材料应该要彼此协调，它们还应该与所覆盖地块的形状很好地适应。现浇混凝土和碎石块比正方形和长方形的路面材料更适合一些形状奇特或圆的地形。如果用正方形或长方形材料来铺设这样的地形需对它们做大面积的切割，消耗过大。选择铺路材料最好的方法就是仔细地观察体验，我们倡导使用天然材料为最佳选择。在使用新型材料的时候，应该使它们的颜色便于协调，这样如果铺设方法正确的话，看起来效果会很不错。所铺道路最好能反映当地的民俗特色，这样会创作一种场所精神。步行路面和车行路面分离为创造更有意义、更有个性的路面提供了机会。无论是铺设步行路还是车行路，都有必要使用多种材料，或者使用不同颜色的同一种材料铺设车行道，但要适当地增加基础厚度。(图1.2.1)

采用不同材料铺路的时候，主要任务是让每一种材料所占的面积尽可能地大，并且要确保不同材料彼此之间接缝光滑、过渡自然。材料的图案越复杂，所占的面积应该越大。千万注意不要使用太多样的颜色，一些铺路材料的颜色和周围植物的叶子不容易协调。因此，最好让铺路材料尽可能地保持自然的颜色，像花岗岩小方石、碎石和鹅卵石等，这样可以使整个设计保持协调统一。

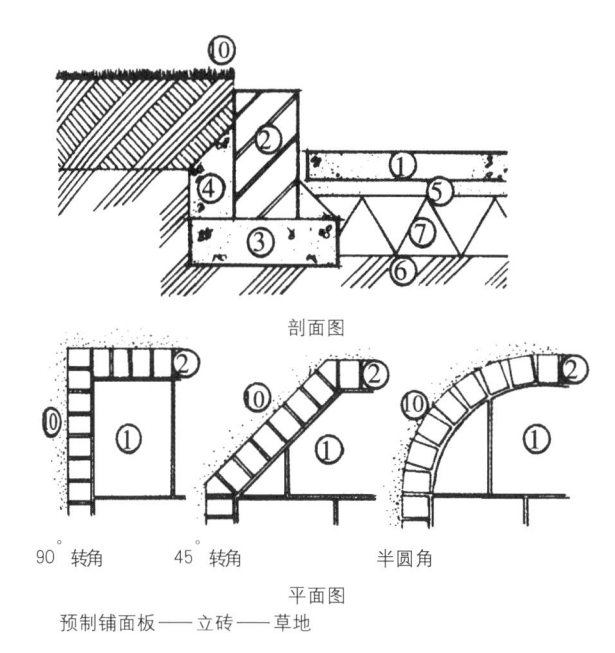

① 预制铺面板
② 立砖
③ 混凝土基础
④ 现浇混凝土护脚
⑤ 水泥和砂浆垫层
⑥ 设计地基层
⑦ 密实碎石垫层
⑧ 铺面砖
⑨ 沥青
⑩ 草地
⑪ 砖制边沟

剖面图

90°转角　　45°转角　　半圆角
平面图
预制铺面板——立砖——草地

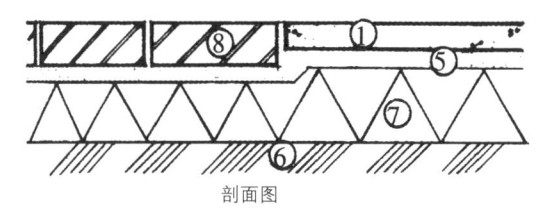

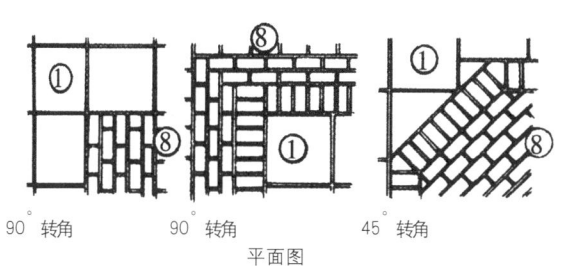

剖面图

90°转角　　90°转角　　45°转角
平面图
预制铺面板——铺面砖

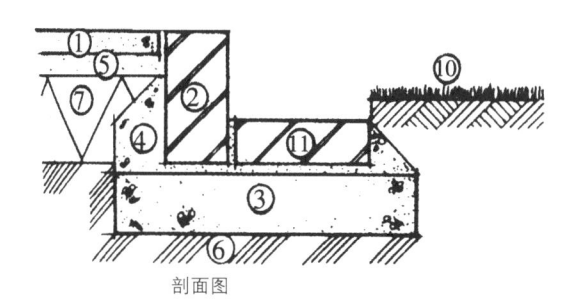

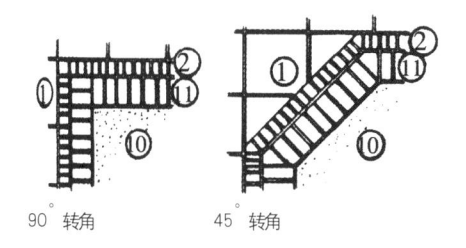

剖面图

90°转角　　45°转角
平面图
预制铺面板——立砖——砖制边沟

图1.2.1

使用不同路面材料的时候，应该符合一定的逻辑性。不同的材料反映出道路不同的用途，往往暗示着道路方向有了一定的改变。

路面上的排水沟和道路水平面上的变化最好采用不同的铺路材料，这样的好处是使人很容易地加以区分。尺寸较小的构件材料适合于步行路的尺度，铺在步行路上与铺在车行路上相比，铺在步行路上更容易取得统一的效果。如果仔细地选择路面材料，将会创造一个有个性的、令人满意的道路景观。

根据功能上的要求，道路的表面应该是防滑的、抗腐蚀的，使用寿命较长并且维修的次数也较少。

（三）路面排水设计

排水设计是铺路设计中一个组成部分。路面的基础必须干燥，防止道路表面积水，以避免霜冻的破坏，同时还要防止相邻区域的水患侵入。路面的积水通常顺着横坡流到带有圆盖的排水沟中。

设计好的排水坡度应该能将路面的积水全部排净。根据路面条件的不同，排水的坡度也不同，常用的排水坡度为：混凝土1:60；砖式路面1:60；沥青路面1:40；路面板1:70；砾石路面1:30；公共路面1:50。在一些面积较小的区域内，可以直接把水排到种有植物的地方和草地中，但在面积较大的地方，必须设排水沟。排水沟可以和周围的渗水坑或地面排水系统结合在一起。

（四）道路载重量

在道路设计中，载重量是设计的重点。步行路的设计通常是根据经验得来。所以表1.2.1列出了一些典型的道路所需副基层厚度，并给出了路基的承载率值。对于载重较轻的步行路，可以将它的地基铺在牢固的、干燥的地基底土上。不要使用超过500mm的方形铺路块及现浇混凝土铺设。道路基层铺设的砂浆层和砂层是用来作砌块、砖和铺路石等构件的垫层的，这样可以把这些小构件饰面垫平。一些柔性材料：路面层像柏油碎石路和冷沥青路面，它们厚度比较薄或者由一些小的颗粒材料制成，这几种情况就需要铺一层基层，否则，路面就不会有黏聚力。副基层材料的选择对副基层的设计没有什么影响，无论它是坚硬的捣碎过的碎石还是经过特殊设计的细石混凝土，所需的副基层厚度都是一样的。

表1.2.1 铺装设计负荷和典型规格

	刚性铺装*		柔性铺装*	
	铺装	骨料层	铺装	骨料层
重载	150mm～200mm**	150mm～200mm**	115mm	300mm～450mm
中载	125mm～150mm	125mm～150mm	65mm～75mm	200mm～300mm
轻载	100mm	50mm～100mm	50mm～65mm	150mm～200mm

* 静态车轮轮压在多数城市街巷、街道和大路上可达910kg～4500kg(1000磅～2000磅)。尽管在高速公路和货运路上静态轮压会超过6000kg(14000磅)，此表限于较小负荷的街道和道路，通常更与场地结构有关。

** 硬质铺装厚度随水泥含量、钢筋和骨料种类而变化（表中假设是使用钢筋）。

如果所设计的硬质路面包含了几种不同类型的饰面材料，并且这些材料彼此紧紧挨在一起，在这种情况下，就需要仔细考虑副基层和副基层的厚度。

二、构造

（一）现浇混凝土基层

铺设时需要考虑的主要因素是：哪一种类型的饰面材料需要现浇混凝土基层。石材和混凝土铺面板通常铺在砾石地基的水泥砂浆垫层上。然而，若将砖、小石块和鹅卵石用砂浆接缝作为路面材料则是整体的和刚性的，因此这种道路的表面就经常会出现一些不规则的阶梯状的裂缝。因此，这种刚性饰面应该铺设在留有足够沉降缝的混凝土基层上面。一些尺寸较小而且表面有凹槽的砖块、小石块和铺面板上的鹅卵石不会产生裂缝，可以直接铺在碎石副基层上（图1.2.2）。

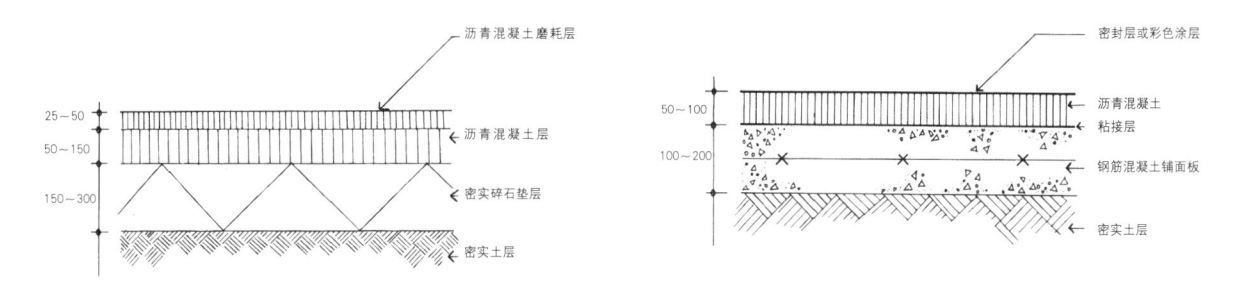

图1.2.2 沥青混凝土

（二）磨耗层

磨耗层可以分成四部分内容：

1. 柔性路面材料：水泥、沥青、柏油碎石和夹砂砾石。柔性路面通常由两个面层组成：基层和磨耗层。磨耗层由一些大小不同的骨料组成，这些骨料的尺寸应为6mm，基础层骨料的尺寸为20mm。磨耗层的厚度通常为6~20mm，基层的厚度为50mm（图1.2.3a、图1.2.3b）。

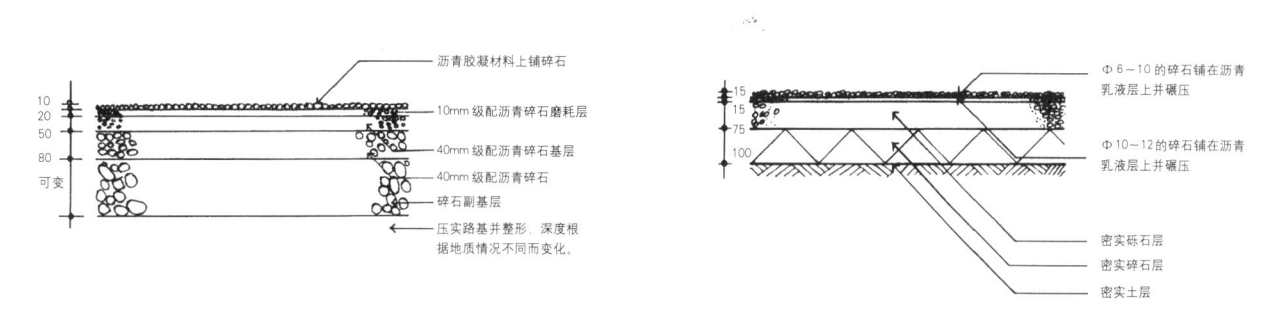

图1.2.3a 沥青碎石路

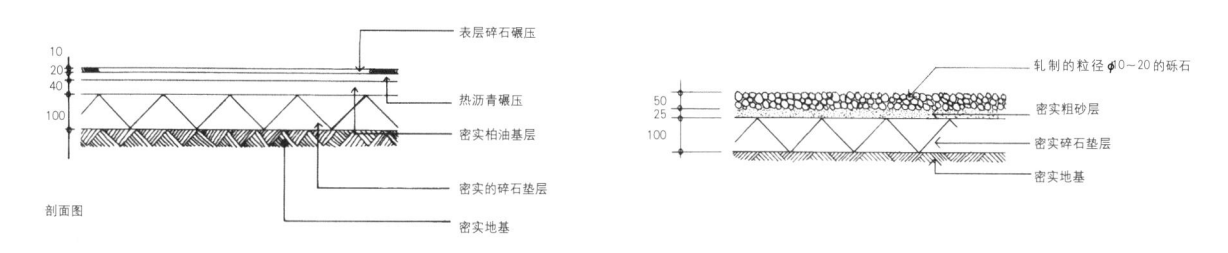

图1.2.3b 沥青

2．尺寸较小的连锁构件直接铺在干燥的砂垫层上。将铺在坚硬的副基层上的砾石基层振捣夯实。无论选择什么样的单元构件，都要避免对它们做大面积的切割，还要保持道路外轮廓线的简洁。设计师应该考虑到单元构件的大小及多样性（图1.2.4）。

3．刚性单元构件(砖、石块、路面板、混凝土构件)通常铺设在坚硬的碎砖石垫层上。这些碎砖石下面铺有一层25mm厚的砂层或15mm厚的水泥砂浆层，所有的接缝一律用沙子或水泥砂浆填充（图1.2.5a～图1.2.5e）。

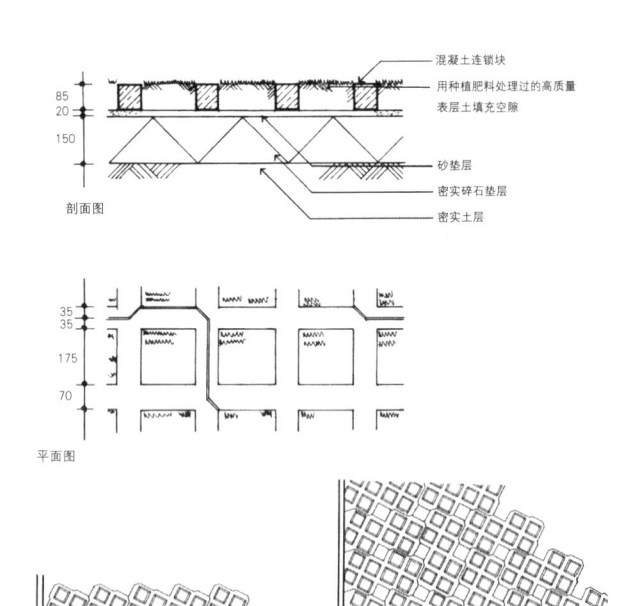

图1.2.4

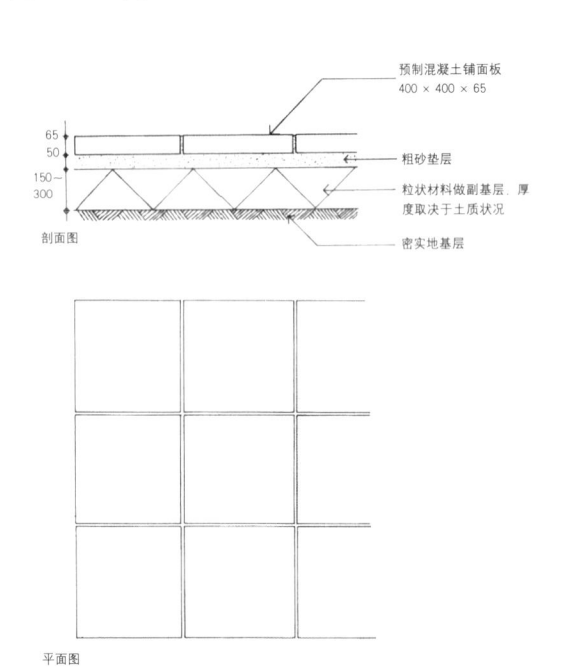

图1.2.5a

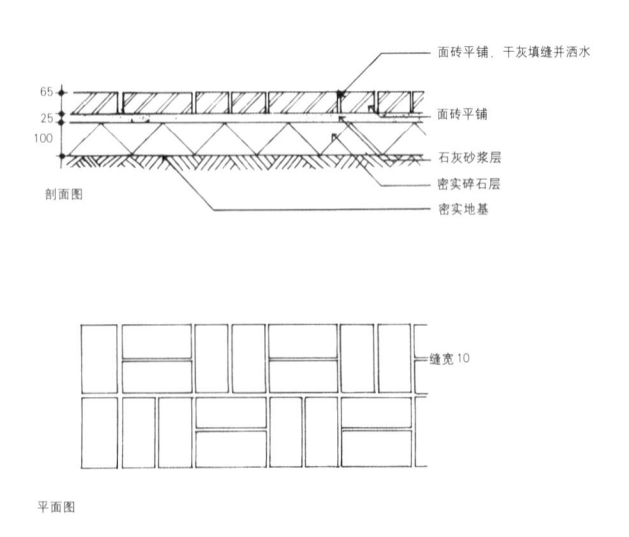

图1.2.5b

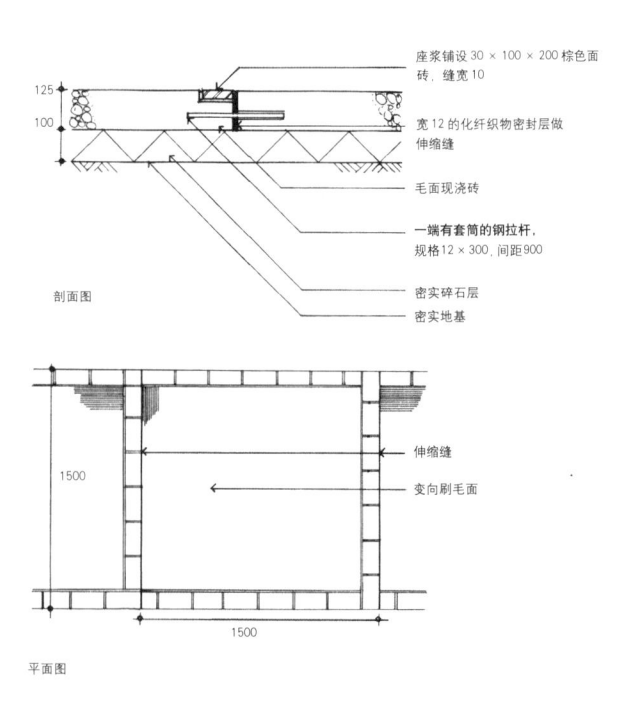

图1.2.5c

图 1.2.5d

图 1.2.5e

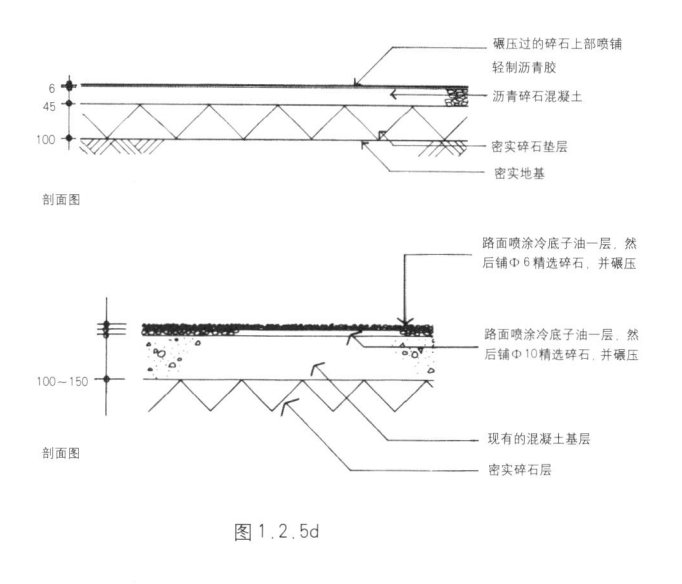

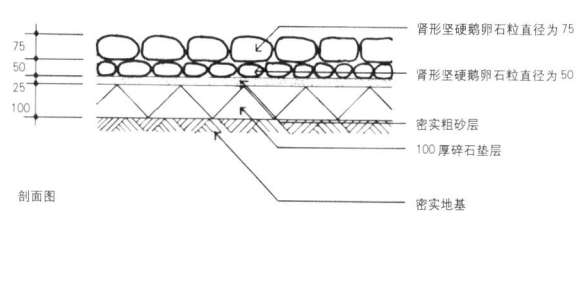

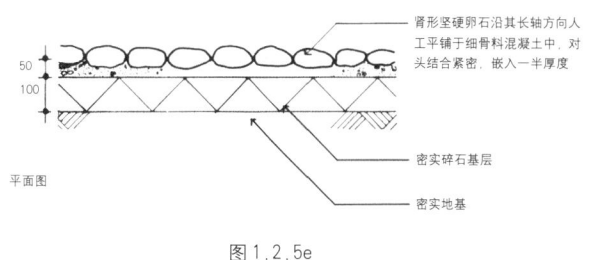

4. 现浇混凝土路面材料，通常就是把没有钢筋的混凝土直接铺在坚硬的路基上，或根据地质条件的不同把它铺在密实碎石垫层上，伸缩缝之间应都以 6m 为间距。混凝土路铺设断面宽 4m（图 1.2.6a、图 1.2.6b）。

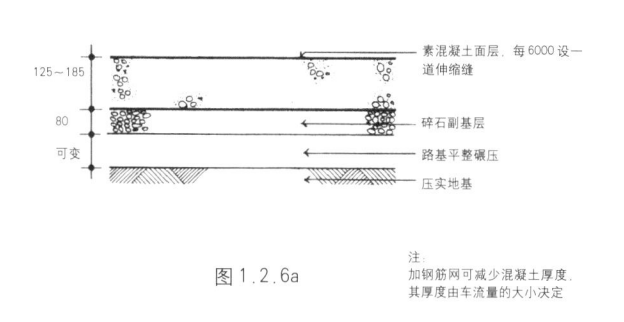

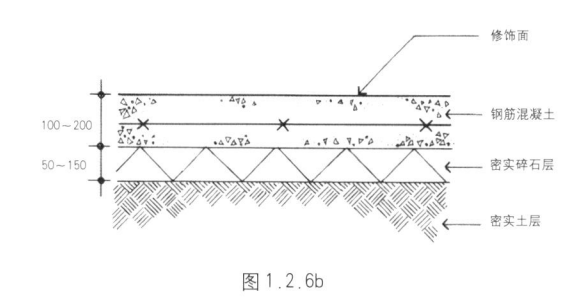

图 1.2.6a

图 1.2.6b

三、施工

（一）路基

不管使用人工的方法还是使用机械的方法，都应该把路基夯实，而且要通过塑造路基的形状来确定道路所需的形状。

（二）基础

基础通常是碎石垫层，用 3 吨的压路机或轻一些的振动碾路机压实。

（三）副基层的厚度

基层为颗粒状材料且厚度相同，那么大多数饰面材料的垫层厚度也没有变化。这样铺路有很多好处。造价因素会影响副基层的高度和厚度。

(四) 接缝

在尺寸、形状都规则的构件之间，不需要填充缝隙，如预制混凝土铺面板和预制混凝土连锁式铺面板通常都紧密排列。铺面砖、石块和天然铺面材料之间的接缝最好使用1:3的水泥砂浆或1:4的石灰砂浆填充，并用水冲洗。这种方法会减小砂浆玷污饰面的几率。如果在接缝处能长出苔藓或其他的植物，也是很好的。接缝中可以填充筛过的表层土或混有骨料的沙子。

作业训练

(一) 设计要求

1. 选定一个场地，结合地形和环境因素，用道路（车行与人行）来分割场地，形成道路空间网格。
2. 根据道路性质的特点，设计相适应的路面。（需综合考虑地域特点、使用人群以及路面排水、载重量等）
3. 针对每种路面，选用相应的构造材料。

(二) 作业要求

1. 完成道路设计布局方案。
2. 绘制彩色平面图，反映图案与材质的关系。
3. 完成施工方案，制作分段平面图(比例:1:50)、典型断面图(比例:1:50)、细部大样图(比例:1:20)

第三节 路缘

一、设计

路缘即道路与草地、广场等周围环境空间要素相邻的边界，它在保持铺设基底和绿地轮廓线方面起着重要作用。路缘有时也用作标识区域所属范围，或作为混凝土铺设中的分隔带。路缘处理同样可以为道路塑造一种风格。尤其是在城郊，那里的路缘风格不应被周围环境同化；路缘应巧妙地安排在住宅院落周围的小尺度道路上或用于小尺度的车行路或步行路。路缘不仅能使铺设路面的边界变得整齐，也在视觉上为道路提供了分界。在选择路缘时应充分考虑周围环境的特点，看看它们是在大城市区域、集镇地区还是城郊。

(一) 路缘的材料

木制路缘的使用主要用于限定砾石或卵石铺路的路面边缘，这些道路主要用于轻载汽车或步行交通。其路面与路缘保持平齐，无高差。

预制混凝土路缘块材长度一般为450mm，但在转弯处应严格限定转弯半径，以便自然地形成圆滑的转角。多种材料可被用于路缘，从花岗岩到混凝土块。虽然花岗岩的造价较高，但它还是以其坚韧、耐久性好的特点成为郊区理想的路缘制作材料。人工制花岗岩也可作为路缘使用，它相比较来说价格便宜，并且在许多方面性能要好于光面的预制混凝土路缘。砖石和大块木材(例如铁路枕木)在某些小型规划中同样可以用于路缘制作（图1.3.1a～图1.3.1h）。

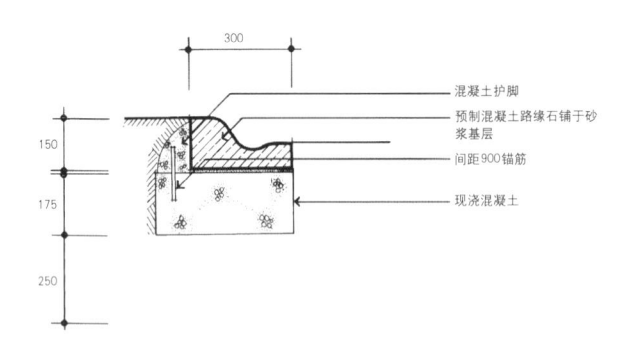

图1.3.1a

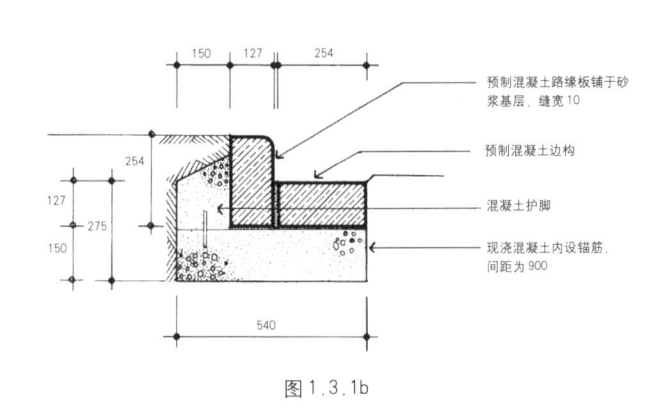

图1.3.1b

图 1.3.1c

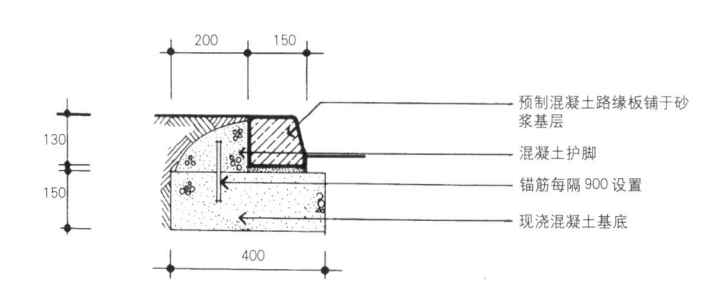

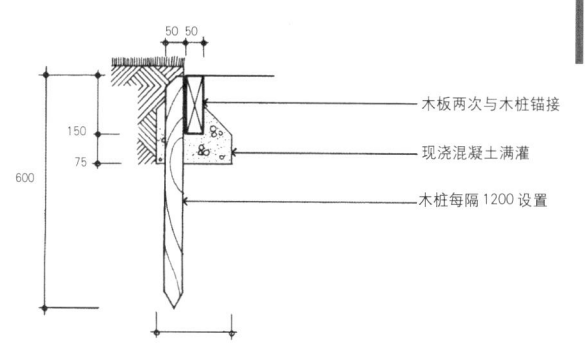

图 1.3.1d

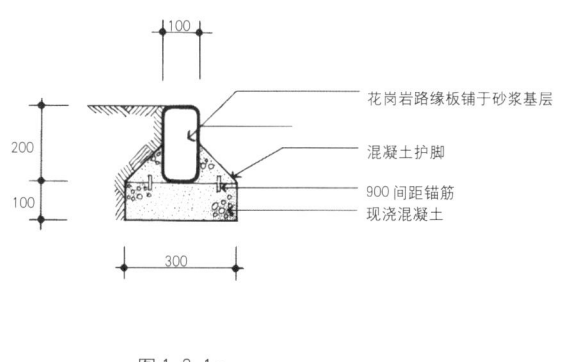

图 1.3.1e

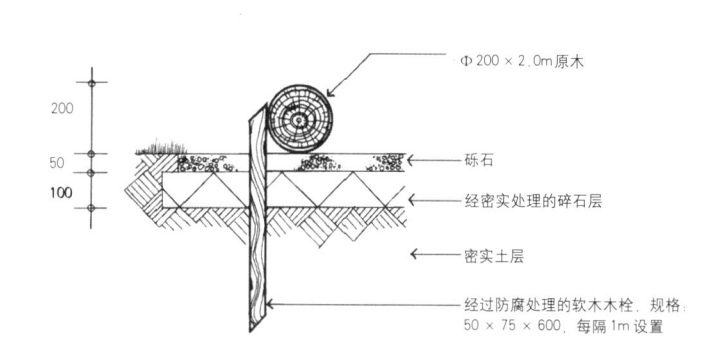

图 1.3.1g

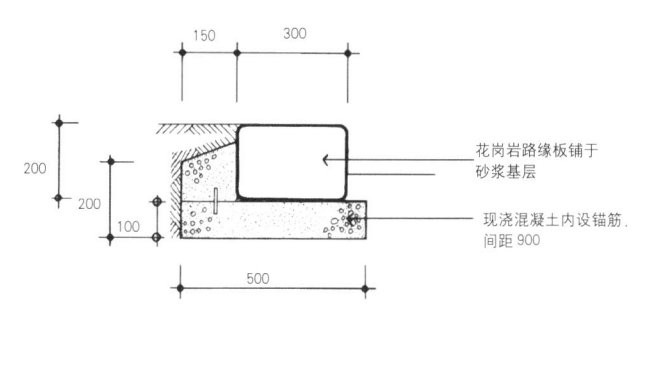

图 1.3.1f

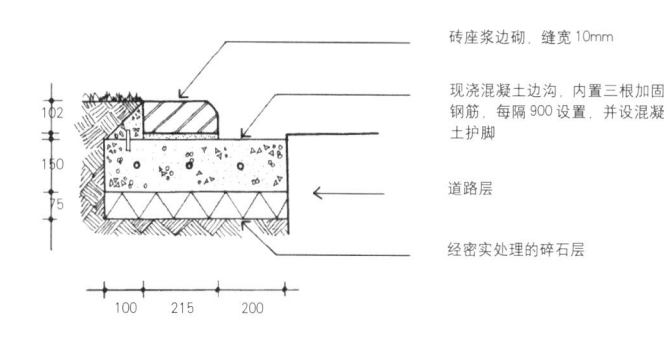

图 1.3.1h

（二）路缘的外观

路缘可以给道路限定明确的边界，对控制路面边沟和阻拦车辆侵入人行道或绿地也起着重要作用。通常环境下，无高差变化的道路略高的预制混凝土块路缘常被使用，图1.3.2是预制混凝土块路缘的常见形状和尺寸。

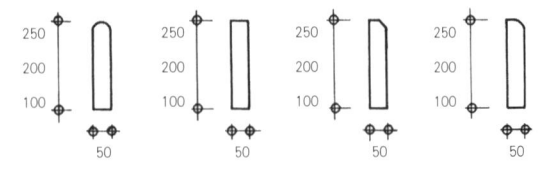

路缘板，制作长度915mm，
高度变化范围如上图所示

图1.3.2a

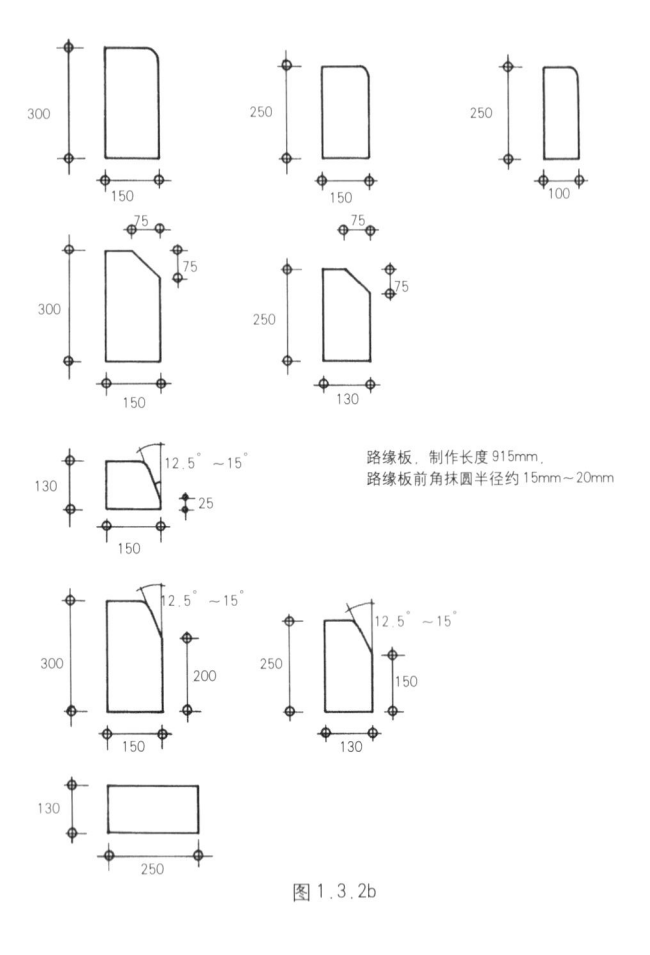

路缘板，制作长度915mm，
路缘板前角抹圆半径约15mm～20mm

图1.3.2b

二、构造

混凝土路缘可以做成外圆角、斜顶、倒角等多种形式，色彩样式多为表面光滑的灰色或白色。花岗岩路缘石尤其是人工制造的花岗岩路缘石，只能为长方形块。特殊颜色的混凝土砖块经常被使用，立置的路缘石应置于路面混凝土板之上，因为在混凝土路面，它并不是用于限定边界的,路缘石的背面需设置混凝土护脚进行支撑（图1.3.3）。柔性路面或铺路旁的路缘石则有限制路面延伸的作用,所以它应放在粒性材料层上。在路面和柔性区域交接处，有时路缘石可以防止草地边缘破损及土壤流失(图1.3.4)。低矮的砖制路缘石或相同尺寸的块材,比标准的混凝土块更实用(图1.3.5a～1.3.5b)。由于步行路高于车行路,使路缘踏步的细部设计更具特点,这样的高差变化在许多古老的城镇随处可见(图1.3.6a～1.3.6b)。

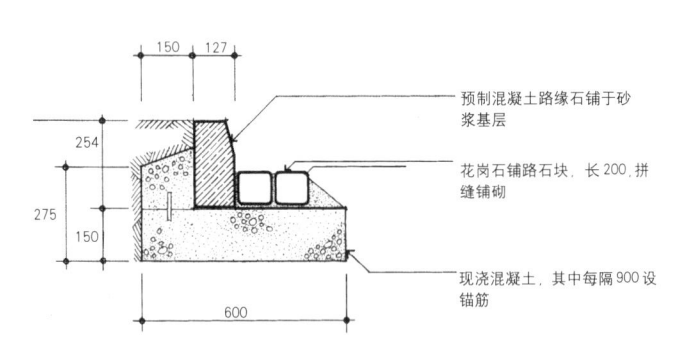

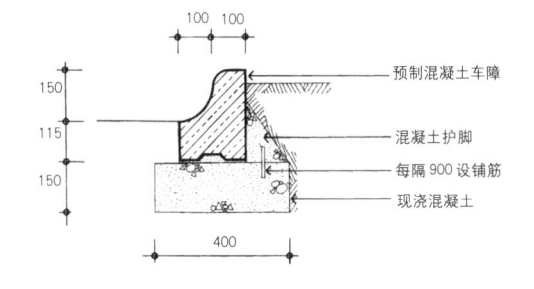

预制混凝土路缘石铺于砂浆基层

花岗石铺路石块，长200,拼缝铺砌

现浇混凝土，其中每隔900设锚筋

预制混凝土车障

混凝土护脚

每隔900设铺筋

现浇混凝土

图1.3.3 混凝土／花岗岩铺路石

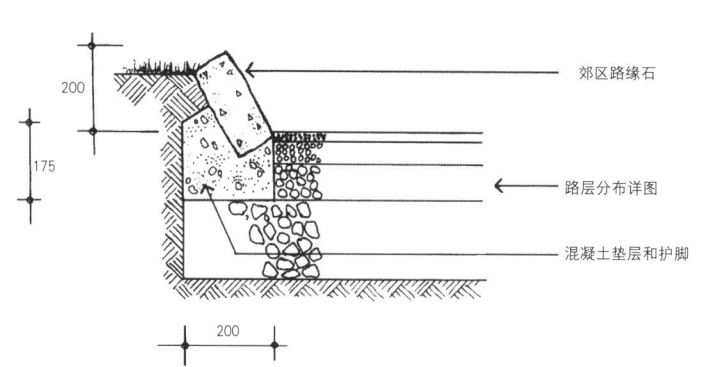

第一章 城市空间元素的设计与作法

图 1.3.4

图 1.3.5a 砖

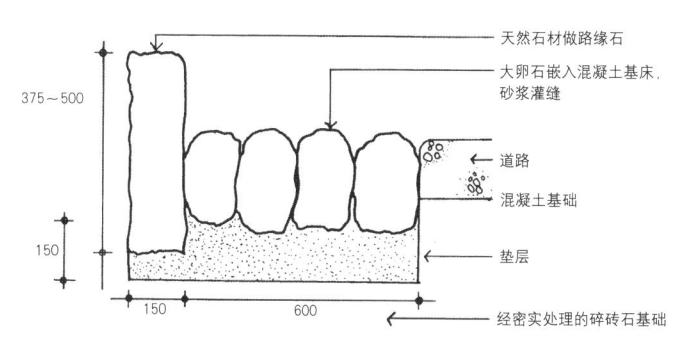

图 1.3.5b 天然石材

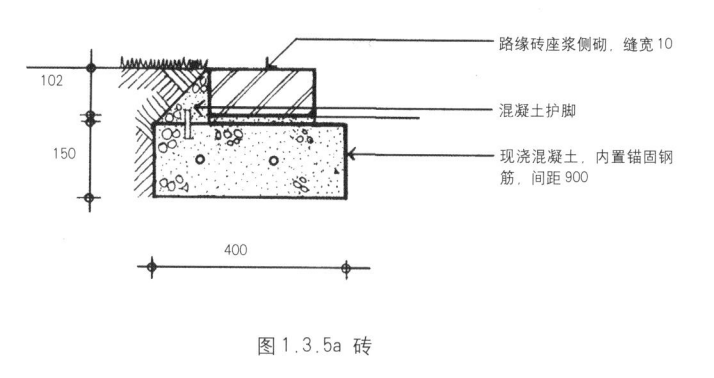

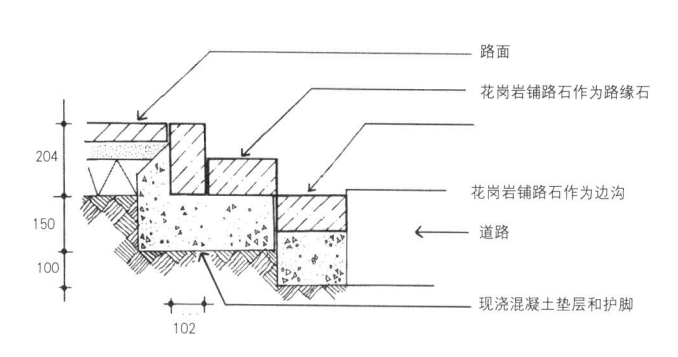

图 1.3.6a

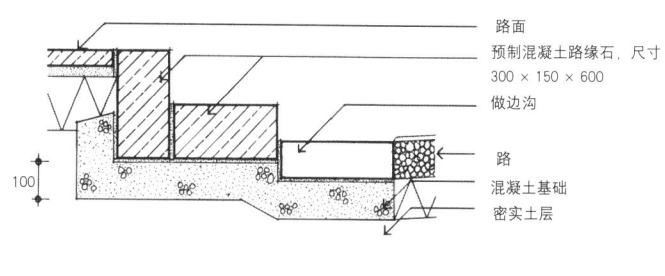

图 1.3.6b 踏步

三、施工

路缘石的铺筑

路缘石应在道路基础和路面铺筑之前设置。通常置于100mm～150mm厚的混凝土垫层(干料配比为1:3:6),这种混凝土需要在路缘石背面做护脚以使其牢固,水泥砂浆填缝(配比为1:3)。柔性路面的现浇路缘应每隔20m设置伸缩缝。对于混凝土道路来说,伸缩缝应与铺路板的接缝对应,铺路板之间应填充柔性材料,路缘石间同样也是如此。

思考题

1．路缘的作用?
2．针对不同的城市空间,路缘石的选择有哪些具体形式?
3．在公共活动区域,根据使用人群（如老年人、儿童、残疾人等）的不同,路缘设计有何种变化和具体要求?

第四节 路障

路障,通常情况下用作人行或车行交通障碍。它主要分为横向路障与竖向路障,即:横栏与护柱两大类。

一、设计

(一) 矮横栏

低矮横栏用作路障,除了在某些情况下用作交通障碍外,通常是用来保护草地或者植被,以防止行人进入。它的高度一般不超过400mm,它更多的是在形式上而不是实际上起到阻拦的作用。由于它低矮,很不引人注意,因此在任何时候都比标准围栏更可取。

把矮横栏的柱子立在草地上之前,需要先布置一个混凝土的割草带,可以避免以后手工修剪草地。低矮的横栏,特别是金属制的,要比其他材料制的横栏更容易形成曲线,也更便宜。

矮横栏设计的优点在于它形成一定的障碍,但无论多大的范围都不会遮挡视线。某些横栏的作用是阻挡车辆的冲击,那它们就要比用来防止行人进入某一区域的轻质横栏坚固很多,也只有在这时,横栏的高度才会起到很重要的作用。

(二) 矮木横栏

1．尺寸

由于矮横栏的高度特征(不超过400mm),其设计者必须考虑它们竖立和保持平衡的可能性,设计出适合的尺寸和解决的方案。

2．柱距和埋深

考虑到上文提到的因素,横栏的柱距要比围栏的小得多(通常是1000mm到1500mm)。

当横栏起阻挡行人作用的时候,如果使用混凝土基础,柱子的埋深为300mm就足够了;当横栏用来控制车辆交通的时候,需要的柱子埋深应是750mm(图1.4.1)。

当横栏用作车障或在停车场中作为停车挡时,木制的柱子和横栏是比较好的选择。横栏必须很坚固,也就是说要把150mm×150mm的横栏和坚固的柱子(100mm×70mm或者100mm×100mm)半叠接合,并把顶部切成斜面。在主干道上用来防止车辆滑出车道的栅栏需要更大的坚固程度。

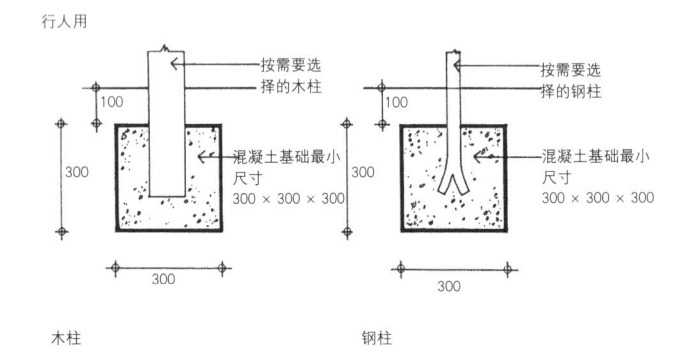

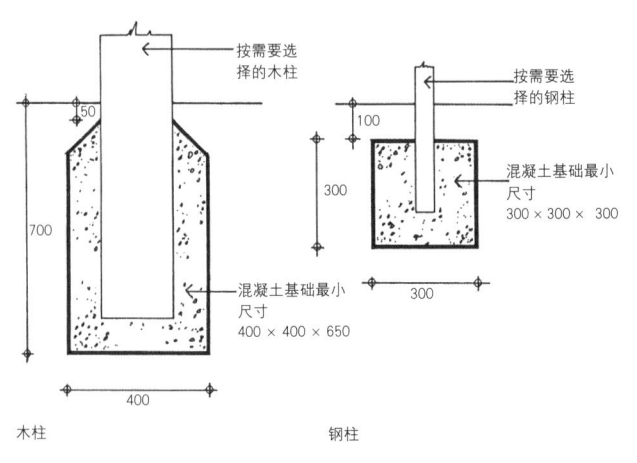

图 1.4.1

3．顶部横栏的交接

这个问题的解决将给设计带来改变，如图1.4.2a～图1.4.2b所示，交接应注意以下几个要点：

(1) 搭接或者斜接都是可取的。

(2) 螺栓和螺钉嵌入的位置不能在离板末端边沿25mm的范围内。

(3) 如果横栏是由两个或者更多的构件组成的，各个构件之间应该交错相接。

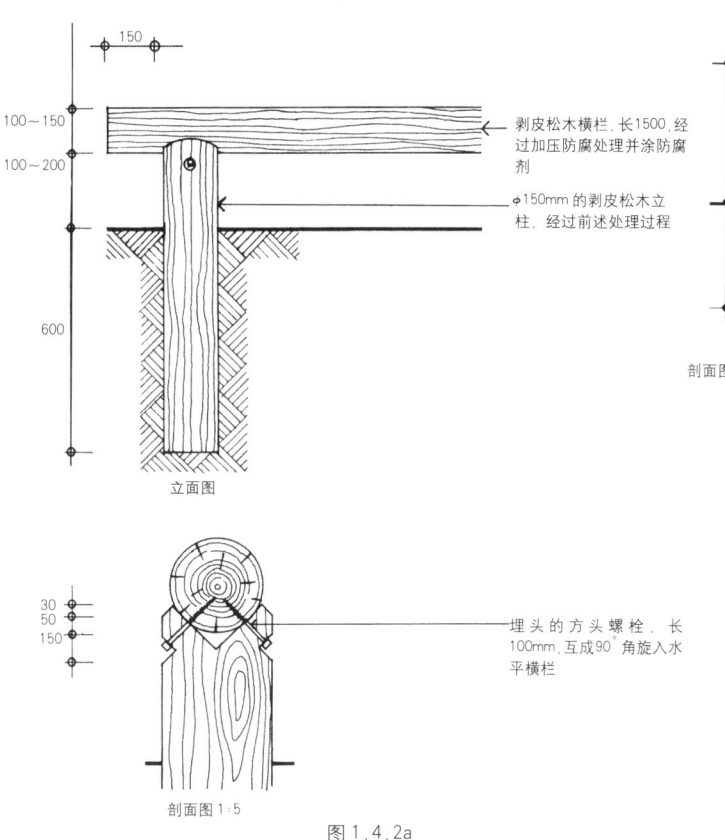

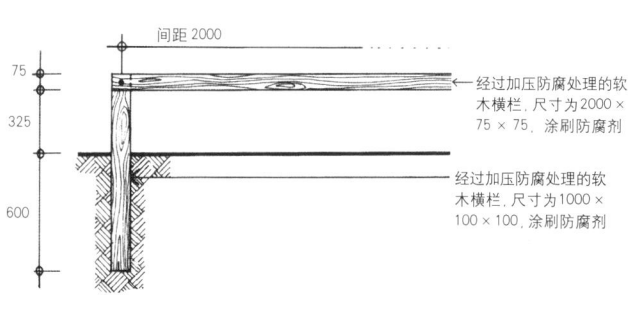

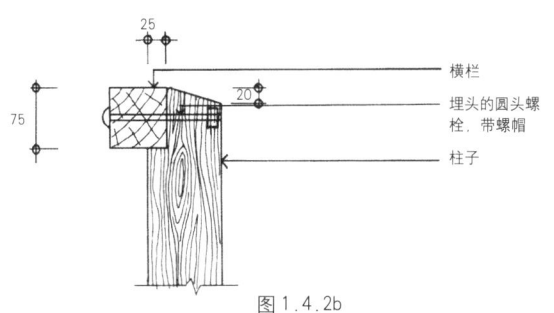

图1.4.2a

图1.4.2b

4．转角细部和横栏方向的改变

如果横栏的转角和方向的改变不是很多，最好的解决方法是增加柱子的支撑能力。如果使用了顶横栏，就需要设置一个斜接的附加支座（图1.4.3）。

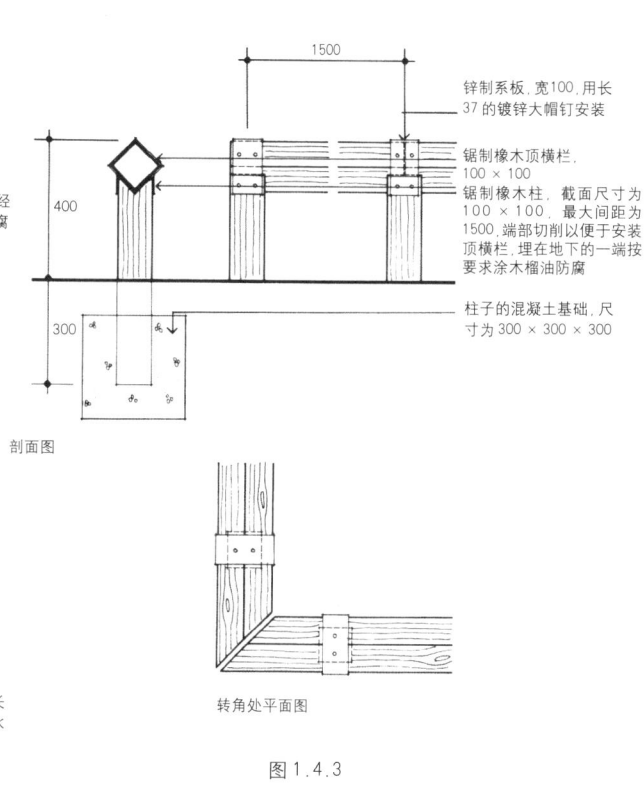

图1.4.3

（三）矮金属横栏

1．尺寸

关于金属横栏的尺寸所提出的注意点与矮木横栏的相同。

2．支柱柱距

矮金属横栏的支柱的间距一般为1200mm。由于金属柱的截面面积太小，因此需要使用混凝土柱子加固。

3．金属的防护措施和饰面处理

金属的防护措施和饰面处理，其中常见的是在装配之后涂红色氧化物底漆或者用热浸法镀锌。

需要饰面处理的构件应该在工厂焊接，并且在横栏末端预留一个可拆装构件，以便于在现场用螺旋套筒或平板连接。

如果使用金属横栏，一般通过横栏直接改变方向。为了提高这个节点的支撑力，应该缩小支柱之间的间距。

以上几点可见图1.4.4a～1.4.4e。

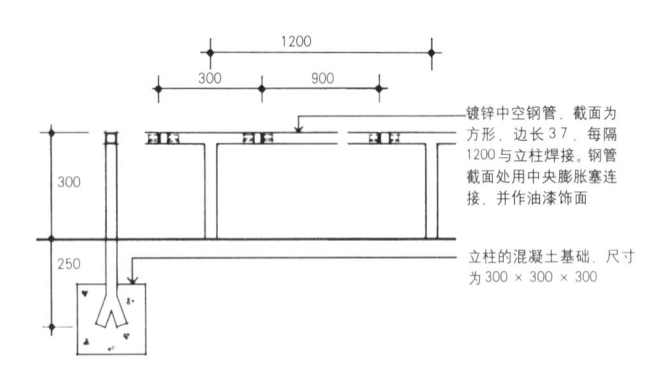

图1.4.4a

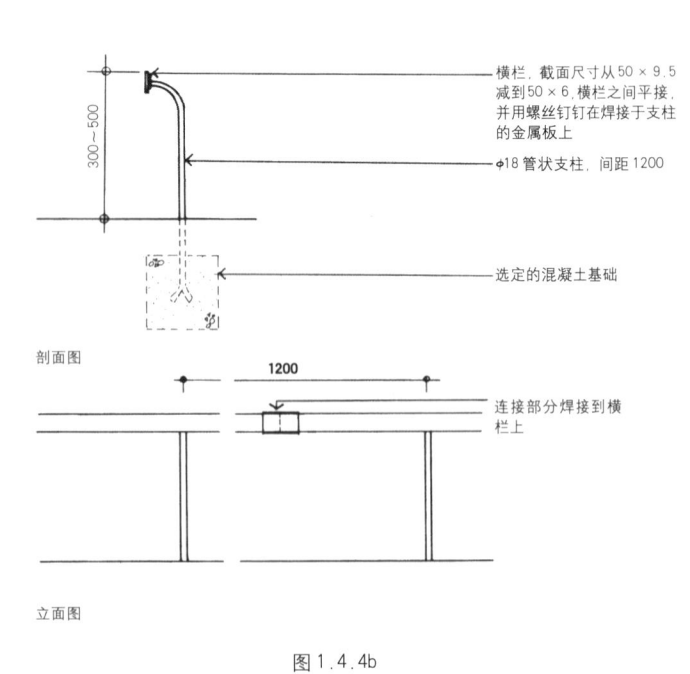

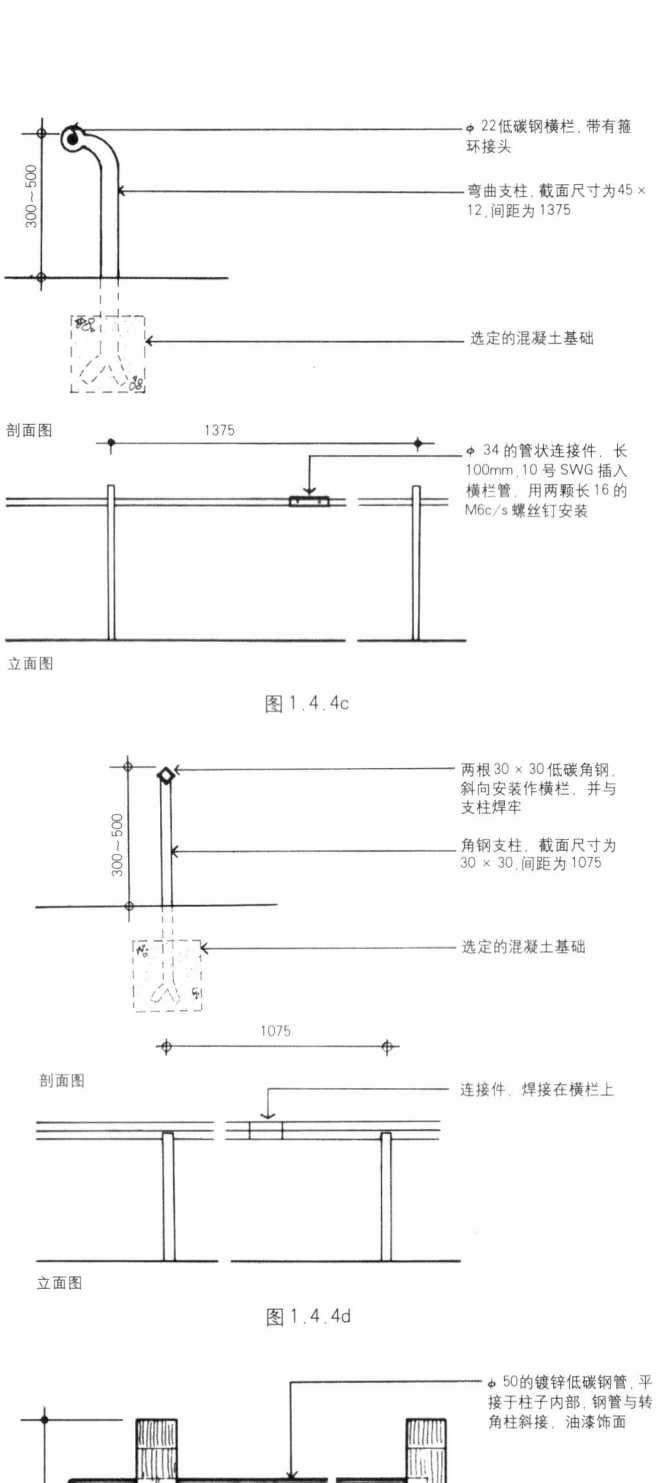

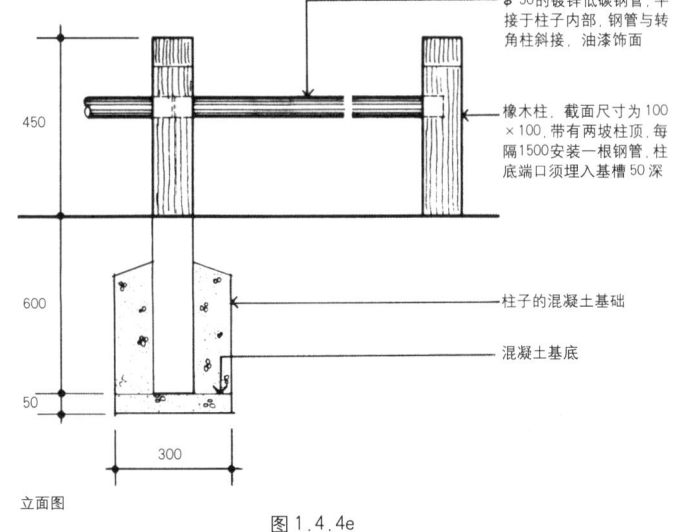

图1.4.4b

图1.4.4c

图1.4.4d

图1.4.4e

（四）护柱

护柱实际上就是竖向路障，设立护柱是防止车辆进入步行区域而不遮挡视线的最好办法之一。护柱可以用来划分铺路限域，它可以把铺路分成人们必须快速通过的部分和人们可以聚集、可以从容不迫散步的部分。护柱也可以用来标志界限和保护界面，例如建筑物的墙角。

根据使用材料的不同，护柱可以分成很多种类型：金属制、木制、混凝土制、铸铁制的以及天然石料制的。

作为车辆用的路障，护柱设置的最小间距是1500mm。护柱的埋深应该在300mm到500mm之间，它可以埋入混凝土基础或密实的碎石层地基，但必须用混凝土加固。如果护柱是安装在预制的路面砖中，除非是用卵石环绕路障，否则就需要小心地切割路面砖（图1.4.5a～1.4.5b）。

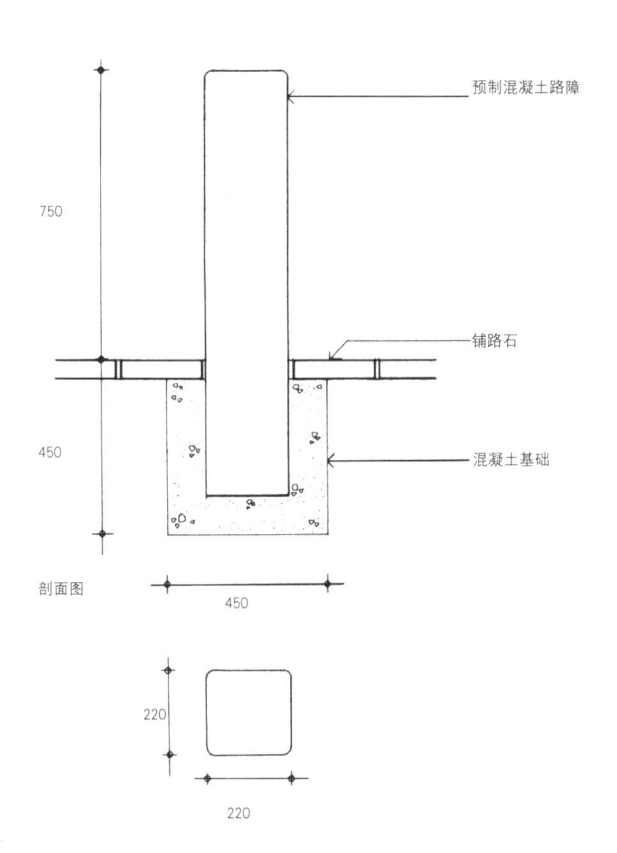

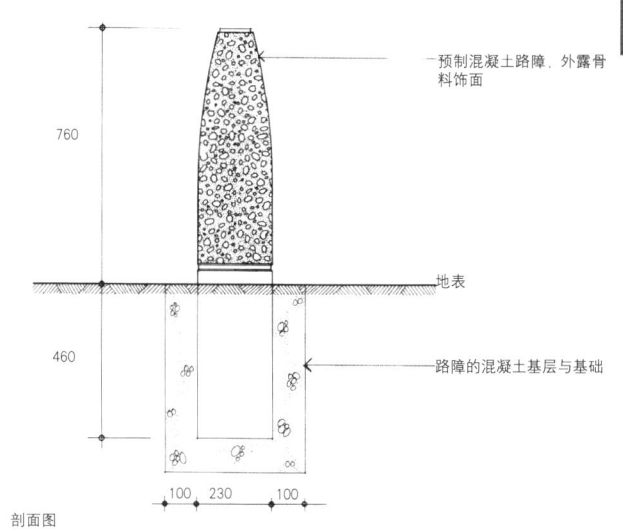

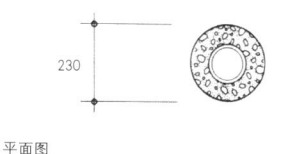

图1.4.5b

图1.4.5a

1．预制混凝土护柱

由于预制混凝土护柱很便宜同时又十分坚固，因此，它经常在城市中使用。在市场上可以找到很多种混凝土护柱，它们拥有令人愉快的特别设计，这是通过改变它们的饰面和颜色得到的。

2．木制护柱

木制护柱更多的是在城郊使用，它的直径最好不要超过100mm，如果是方形的，边长也是一样。它的原料经常用硬木材，并且用柱帽或者坡顶来防水。

3．金属制护柱

钢和铸铁制的护柱已经在城市中越来越流行了，特别是在历史悠久的城镇和都市。可拆装的护柱通常也用钢制成。

二、构造

材料

1．矮横栏

木材：详细说明类型，例如硬木材(橡木)或者软木材(松木)。说明加工处理的方法和使用时限。

金属:说明金属是热浸镀锌还是涂红色氧化物漆。

2. 护柱

木材:详细说明类型,例如硬木材(橡木)或者软木材(松木)。说明加工处理的方法和使用时限,指定所用的木材尺寸,描述切割线或榫槽的任何特殊类型。

金属:详细说明类型和形状。

三、施工

(一) 矮横栏

由横栏的用途决定柱子的安装和掩埋深度。例如阻挡行人用的低矮横栏的木制柱可以立在密实土地基中,但是金属柱必须立在混凝土基础中。无论是木制的还是金属制的横栏或栅栏,只要是车辆用的,就必须立在混凝土基础中。

(二) 护柱

护柱的安装要根据护柱的用途,即行人用的还是车辆用的,说明它的安装方法和埋深。

思考题

1. 在现代城市步行街和公园中,路障的形式、材质、构造方式多种多样,它们分别受到哪些环境因素的影响?

2. 在城市广场中,护柱的分布可以用来区分不同功能的空间,但要做到功能与形式的统一,发挥其景观元素的作用,设计时应注意哪些问题?

第五节 平台

一、设计

木质平台可用于在无法做或不愿做硬质景观的同一平面的户外行人场所。当地势太陡无法通过,地表条件生态敏感(如湿地)或需要眺望台或抬高上层平台时需要用平台。要做出木质平台合适的结构框架计划,要求对场地情况进行调查,对功能要求进行评估,对设计承载进行计算,对平台构件进行制作。按平台规模和容量可分为以下三种:

(一) 重型大容量公共平台

这种平台通常用在大型商业娱乐场所、公园、城市广场、码头及高强度使用的居住环境。它的重要特点是以平方单位来荷载,使用经过处理的木材和制作,以确保结构完整并能经受高强度使用,但年维修费用很高。

(二) 中型住宅和轻型商业平台

这种平台结构的设计适应中等承载和使用。其特点是有广泛的设计表现,从实用的门廊到精心制作的精美结构。用途和详细设计随气候带和当地法规有所不同。维护集中在涂料和磨光刷漆。

(三) 小型轻质平台

这种平台结构见于脆弱的景观中,比如限制进入的保护区。该结构通常具有很小的着地面积,而且被建筑的、规范的或其他要素限制在它们自己的空间尺度内。荷载从轻型到中型,结构体系通常简单。维护通常定期更换构件而不用每年粉刷。

二、构造

构筑框架方法的选择和造价比较、美学偏好、区域习惯与平台架空程度有关。

(一) 平台框架的构筑

平台框架是指构造的梁和小梁作法(图1.5.1)。由于小梁在大面积上承担了荷载,所以不需要多少梁。由于包含了小梁,平台框架比厚木板梁框架形成

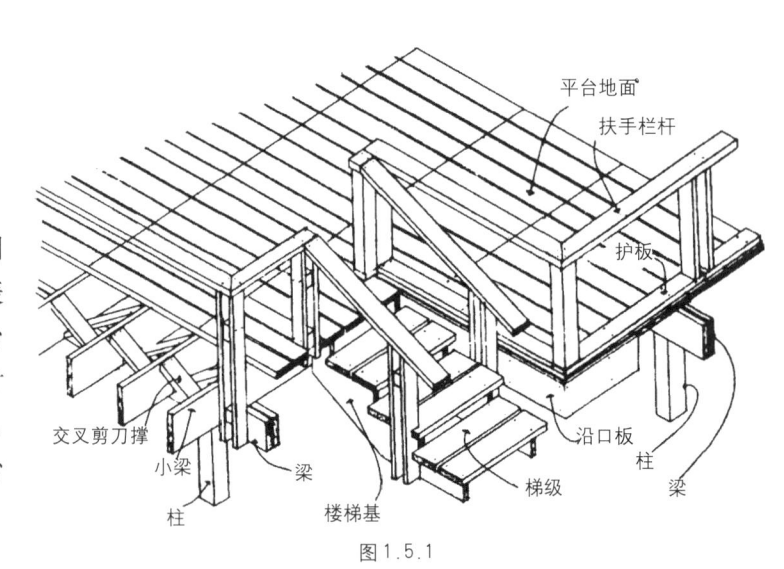

图1.5.1

更厚的甲板侧面。它是经常使用的建造平台框架系统，特别是在寒带和温带，它可使用较少的立基和支撑柱。

（二）厚木板梁框架的构筑

厚木板梁框架是借助于梁和甲板的构造方法(图1.5.2)。由于梁的间距小而起到了小梁的作用，所以无需使用小梁。厚木板梁框架与平台框架相比，优点在于它侧面薄，给人一种简洁明快的感觉。它主要用在气候温暖干燥的地区，它立基浅而且容易安装，在接近地面的平台中也很常用。在干燥的气候条件下，厚木板可使用榫槽或厚方形木材。在冷湿的气候条件下，厚木板平台可以用屋顶隔膜和其他材料覆盖。

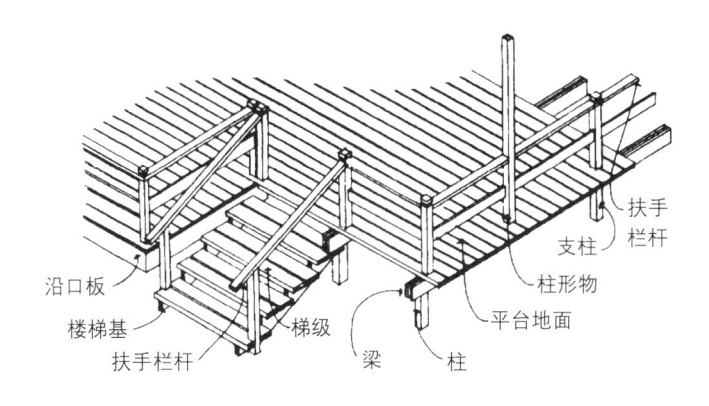

图1.5.2

（三）平台面的基本构成

甲板是指由小梁或梁支撑的在其上行走的表面。甲板的外观和装饰通常比其他看不到的隐蔽的结构部分重要得多。下列的设计因子应当予以考虑：

(1) 甲板通常平铺但也可以立着铺。

(2) 甲板材料通常厚度应当超过25mm，30mm也可以接受，但50mm的材料更常使用。

(3) 木板间的距离不应超过3mm或与16d钉的距离相当，除非在木头没有完全干时铺设，木板间不留空隙而让其收缩。

(4) 由于木材会变形，木板宽度不应超过150mm。

(5) 铺设木板时，有树皮的一面应当朝上，避免向上弓和随之而来的排水问题，除非使用级别高的垂直细纹木材。

三、施工

（一）估计设计承载

表1.5.1列举了不同用途平台建议的动荷载。下面的跨度表计算了应用在轻型到中型荷载平台，如居住平台不应依据重型应用数值。

表1.5.1 不同用途平台建议的动荷载

平台种类	荷载 kg/m²	(磅／平方英尺)
居民平台	195～290	(40～60)
公共平台	390～490	(80～100)
人行桥	490	(100)
小型车辆桥	980～1470	(200～300)

固定荷载允许的平均值（每m²或平方英尺）平台重量加上加固材料重量为49kg/m²或10磅／平方英尺。

（二）跨度表

图1.5.3列举了甲板、小梁和梁的跨度间的关系。初步设计或轻质平台可以使用下列跨度表(所有跨度的测量为中到中)：

木板尺寸：表1.5.2是甲板最大跨度，随种类和平台大小有所调节。木板跨度也是小梁的间距。

小梁尺寸：表1.5.3提供了不同木材种类、小梁大小和间距值的小梁跨度数据。小梁跨度也是梁间距。

梁尺寸：表1.5.4～表1.5.6列举了不同木材种类、小梁大小和间距值的小梁跨度数据。提供了不同木材种类、梁大小和相应的荷载宽度的梁跨度数据。应当注意实木梁比由两个或三个60mm木板合成式梁跨度间距大。梁跨度也是柱间距。

柱高：表1.5.7列举了不同木材种类、柱子高度、柱子大小和从属荷载面积（落在一根柱子上的总面积）的柱高数据。柱高的测量是从基座顶部到与梁接触的底部。

小梁间距直接与可允许的平台最大跨度有关

梁间距与可允许的小梁的最大跨度直接相关

支柱间距直接与可允许的梁的最大跨度有关

图1.5.3

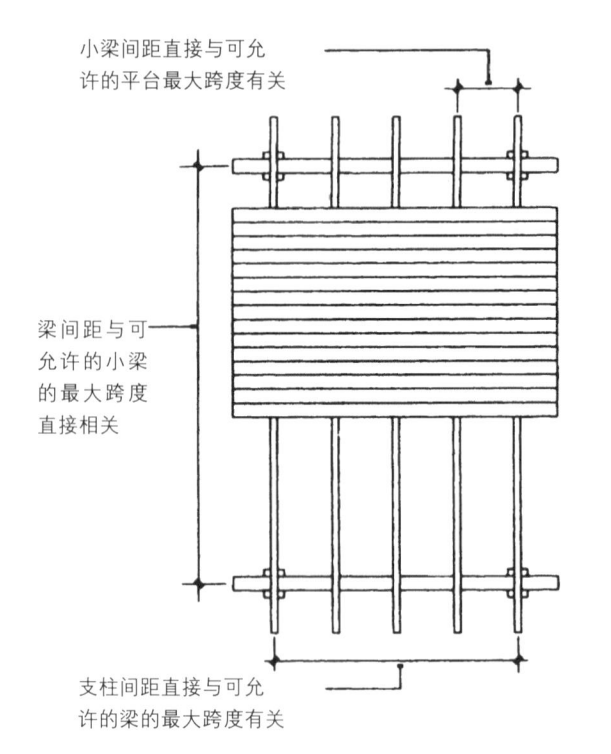

表1.5.2 平台最大跨度（小梁间距）

种类	平台尺寸型号	建议跨度
花旗松（Douglas Fir）	RED[a]	16英寸[c]
长叶松（Southern Pine）		
Hem-Fir, SPF	2×4[b]	24英寸
SPF（south）		
西黄松（Ponderosa Pine）	2×6[b]	24英寸
北美红杉（Redwood）		
西部雪松（Western Ceder）		

a：RED为平台边缘半径，4~6英寸宽。
b：级别为2号或更好。
c：南方松的RED跨度可达24英寸。
资料来源：编自Medonald et.al, Wood Deck: *Materials, Construction, and Finishing*, Forest Products Laboratory, Madison, WI, 1996.

表1.5.3 小梁最大跨度（梁间距）

		小梁间距（中心距、英寸）					
		动荷载为40磅/平方英尺*			动荷载为60磅/平方英尺*		
种类	小梁大小+	12英寸	16英寸	24英寸	12英寸	16英寸	24英寸
花放松 长叶松	2×6	10'4"	9'5"	7'10"	9'0"	8'2"	6'8"
	2×8	13'8"	12'5"	10'2"	11'11"	10'6"	8'7"
	2×10	17'5"	15'5"	12'7"	15'0"	13'0"	10'7"
	2×12	20'0"	17'10"	14'7"	17'5"	15'1"	12'4"
Hem-Fir, SPF, SPF(south)	2×6	9'2"	8'4"	7'3"	8'0"	7'3"	6'3"
	2×8	12'1"	10'11"	9'6"	10'6"	9'6"	8'0"
	2×10	15'4"	14'0"	11'7"	13'5"	12'0"	9'10"
	2×12	18'8"	16'6"	13'6"	16'1"	14'0"	10'10"
西黄松 北美红杉 西部雪松	2×6	8'10"	8'0"	7'0"	7'9"	7'0"	5'11"
	2×8	11'8"	10'7"	8'10"	10'2"	9'2"	7'6"
	2×10	14'10"	13'3"	10'10"	12'11"	11'2"	9'2"
	2×12	17'9"	15'4"	12'7"	15'0"	13'0"	10'7"

*包括10磅/平方英尺的固定荷载
+小梁在边缘、级别为2号或更好
资料来源：编自McDonald, et.al, Wood Decks: *Moterials, Construction, and Finishing*, Forest Products Laboratory, madison, WI, 1996.

表1.5.4 花旗松和长叶松梁最大跨度（柱间距）

支柱承宽度、英尺

梁大小+	4′	5′	6′	7′	8′	9′	10′	11′	12′	13′	14′	15′	16′
平台设计动荷载为40磅/平方英尺*													
(2) 2×6	7′	6′											
(2) 2×8	9′	8′	7′	7′	6′	6′							
(2) 2×10	11′	10′	9′	8′	8′	7′	7′	6′	6′	6′	6′		
(3) 2×8	12′	11′	10′	9′	8′	8′	7′	7′	7′	6′	6′	6′	
(2) 2×12	13′	12′	10′	10′	9′	8′	8′	7′	7′	7′	6′	6′	6′
(3) 2×10	15′	13′	12′	11′	10′	10′	9′	9′	8′	8′	8′	7′	7′
(3) 2×12	16′	15′	14′	13′	12′	11′	11′	10′	10′	9′	9′	8′	8′
4×6	7′	7′	6′										
4×8	10′	9′	8′	7′	7′	6′	6′						
6×8	12′	10′	9′	9′	8′	8′	7′	7′	6′	6′	6′	6′	
4×10	12′	11′	10′	9′	8′	8′	7′	7′	6′	6′	6′	6′	
4×12	14′	13′	11′	10′	10′	9′	9′	8′	8′	7′	7′	7′	7′
6×10	15′	13′	12′	11′	10′	9′	9′	9′	8′	8′	7′	7′	7′
6×12	16′	16′	15′	13′	12′	12′	11′	10′	10′	10′	9′	9′	8′

续表

支柱承载速度、英尺

梁大小+	4′	5′	6′	7′	8′	9′	10′	11′	12′	13′	14′	15′	16′
平台设计动荷载为60磅/平方英尺*													
(2) 2×6	6′												
(2) 2×8	7′	7′	6′										
(2) 2×10	9′	8′	7′	7′	6′								
(2) 2×8	10′	9′	8′	7′	7′	6′	6′						
(2) 2×12	11′	10′	9′	8′	7′	7′	6′	6′	6′				
(3) 2×10	12′	11′	10′	9′	9′	8′	8′	7′	7′	6′	6′	6′	6′
(3) 2×12	14′	13′	12′	11′	10′	9′	9′	8′	8′	8′	7′	7′	6′
4×6	6′												
4×8	8′	7′	6′	6′									
6×8	10′	9′	8′	7′	7′	6′	6′						
4×10	10′	9′	8′	7′	7′	6′	6′	6′					
4×12	12′	10′	9′	8′	8′	7′	7′	6′	6′	6′			
6×10	12′	11′	10′	9′	9′	8′	8′	7′	7′	6′	6′	6′	6′
6×12	15′	13′	12′	11′	10′	10′	9′	9′	8′	8′	8′	7′	7′

*包括10磅/平方英尺的固定荷载。+括号里的数字是钉在一起标准长度的木板数。

资料来源：编自McDonald, et. al, Wood Decks: *Materials, Construction, and Finishing*, Forest Products Laboratory, Madison, WI, 1996.

表1.5.5 Hem-Fir、SPF和SPF（南方）梁最大跨度（柱间距）

梁大小+	4'	5'	6'	7'	8'	9'	10'	11'	12'	13'	14'	15'	16'
支柱承载宽度、英尺													
平台设计动荷载为40磅/平方英尺*													
(2) 2×6	6'	6'											
(2) 2×8	8'	7'	6'	6'									
(2) 2×10	10'	9'	8'	7'	7'	6'	6'						
(3) 2×8	11'	10'	9'	8'	7'	7'	6'	6'	6'				
(2) 2×12	11'	10'	9'	8'	7'	7'				6'	6'	6'	
(3) 2×10	13'	12'	11'	10'	9'	8'	8'	8'	7'	7'	6'	6'	
(3) 2×12	15'	14'	12'	11'	11'	10'	9'	9'	8'	8'	8'	7'	7'
4×6	7'	7'	6'										
4×8	9'	8'	7'	6'	6'	6'							
6×8	9'	8'	8'	7'	7'	6'	6'						
4×10	11'	10'	9'	8'	7'	7'	6'	6'	6'				
4×12	13'	11'	10'	9'	9'	8'	7'	7'	7'	6'	6'	6'	
6×10	12'	11'	10'	9'	9'	8'	7'	7'	7'	6'	6'	6'	6'
6×12	15'	13'	12'	11'	10'	10'	9'	9'	8'	8'	7'	7'	7'

续表

梁大小+	4'	5'	6'	7'	8'	9'	10'	11'	12'	13'	14'	15'	16'
支柱承载速度、英尺													
平台设计动荷载为60磅/平方英尺*													
(2) 2×6	5'												
(2) 2×8	7'	6'											
(2) 2×10	8'	7'	7'	6'									
(2) 2×8	9'	8'	7'	7'	6'								
(2) 2×12	10'	9'	8'	7'	6'								
(3) 2×10	11'	10'	9'	8'	8'	7'	6'	6'					
(3) 2×12	13'	11'	10'	9'	9'	8'	8'	7'	6'	6'			
4×6	5'												
4×8	7'	6'												
6×8	8'	7'	7'	6'									
4×10	9'	8'	7'	7'	6'								
4×12	10'	9'	8'	8'	7'	7'	6'	6'					
6×10	10'	9'	8'	8'	7'	7'	6'	6'					
6×12	12'	11'	10'	9'	9'	8'	8'	7'	6'	6'	6'	6'	6'

*包括10磅/平方英尺的固定荷载。+括号里的数字是钉在一起标准长度的木板数。
资料来源：编自McDonald, et. al. *Wood Decks: Materials, Construction, and Finishing*, Forest Products Laboratory, Madison, WI, 1996.

表1.5.6 西黄松，北美红杉，西部雪松梁最大跨度（柱间距）

梁大小+	_	_	_	_	支柱承载宽度、英尺	_	_	_	_	_	_	_
	4′	5′	6′	7′	8′	9′	10′	11′	12′	13′	14′	15′	16′
平台设计动荷载为40磅/平方英尺*												
(2) 2 × 6	6′											
(2) 2 × 8	8′	7′	6′	6′								
(2) 2 × 10	9′	8′	8′	7′	6′	6′	6′					
(3) 2 × 8	10′	9′	8′	8′	7′	7′	6′	6′				
(2) 2 × 12	11′	10′	9′	8′	7′	7′	7′	6′	6′			
(3) 2 × 10	13′	11′	10′	9′	8′	8′	7′	7′	7′			
(3) 2 × 12	15′	13′	12′	11′	10′	9′	9′	8′	8′	7′	7′	7′
4 × 6	7′	6′										
4 × 8	9′	8′	8′	7′	6′	6′	6′					
6 × 8	9′	8′	8′	7′	7′	6′	6′	6′				
4 × 10	10′	9′	8′	8′	7′	7′	6′	6′	6′			
4 × 12	12′	11′	10′	9′	8′	8′	7′	7′	6′	6′	6′	6′
6 × 10	12′	11′	10′	9′	8′	8′	7′	7′	7′	6′	6′	6′
6 × 12	15′	13′	12′	11′	10′	9′	9′	8′	8′	7′	7′	7′	7′

续表

梁大小+	_	_	_	_	支柱承载速度、英尺	_	_	_	_	_	_	_
	4′	5′	6′	7′	8′	9′	10′	11′	12′	13′	14′	15′	16′
平台设计动荷载为60磅/平方英尺*												
(2) 2 × 8	6′	6′										
(2) 2 × 10	8′	7′	6′	6′								
(2) 2 × 8	9′	8′	7′	6′	6′							
(3) 2 × 12	9′	8′	7′	7′	6′	6′						
(2) 2 × 10	11′	9′	8′	8′	7′	7′	6′	6′				
(3) 2 × 12	12′	11′	10′	9′	8′	8′	7′	7′	6′	6′		
4 × 7	7′	6′	6′									
6 × 8	8′	7′	6′	6′								
4 × 10	9′	8′	7′	6′								
4 × 12	10′	9′	8′	7′	7′	6′	6′					
6 × 10	10′	9′	8′	7′	7′	6′	6′	6′				
6 × 12	12′	11′	10′	9′	8′	8′	7′	7′	7′	6′	6′	6′

* 包括10磅／平方英尺的固定荷载。+括号里的数字是钉在一起标准长度的木板数。

资料来源：编自McDonald, et. al, *Wood Decks: Materials, Construction, and Finishing*, Forest Products Laboratory, Madison, WI, 1996.

续表

支柱的最大高度																	
落在柱子上的支柱承载面积																	
柱大小	36	48	60	72	84	96	108	120	132	144	156	168	180	192	204	216	228	240	256
平台设计动荷载为40磅/平方英尺*																	
长叶松	4×4	10'	10'	10'	9'	9'	8'	8'	7'	7'	6'	6'	6'	6'	5'	5'	5'	4'	4'	4'
花旗松	4×6	14'	14'	13'	12'	11'	10'	10'	9'	9'	8'	8'	7'	7'	7'	7'	6'	6'	6'
	6×6(No.1)	17'	17'	17'	17'	17'	17'	17'	17'	17'	17'	17'	16'	16'	15'	15'	14'	14'	13'
	6×6(No.2)	17'	17'	17'	17'	17'	17'	17'	16'	16'	15'	14'	13'	13'	12'	11'	10'	8'
Hem-Fir,	4×4	10'	10'	10'	9'	9'	8'	8'	7'	7'	6'	6'	6'	5'	5'	5'	4'	4'	4'
SPF	4×6	14'	14'	13'	12'	11'	11'	10'	9'	9'	8'	8'	8'	7'	7'	7'	6'	6'
	6×6(No.1)	17'	17'	17'	17'	17'	17'	17'	17'	17'	17'	16'	16'	15'	15'	14'	13'	13'	12'
	6×6(No.2)	17'	17'	17'	17'	17'	17'	17'	16'	16'	15'	13'	12'	10'	8'
西黄松	4×4	10'	10'	9'	8'	7'	7'	6'	5'	4'
北美红杉	4×6	14'	13'	12'	11'	10'	9'	9'	8'	8'	7'	7'	6'	6'	5'	5'	4'	4'
西部雪松	6×6(No.1)	17'	17'	17'	17'	17'	17'	17'	16'	15'	15'	14'	14'	13'	13'	12'	12'	11'	11'
SPF(south)	6×6(No.2)	17'	17'	17'	17'	17'	16'	13'	7'
平台设计动荷载为60磅/平方英尺*																	
长叶松	4×4	10'	10'	9'	8'	7'	7'	6'	6'	5'	5'	5'
花旗松	4×6	14'	12'	11'	10'	9'	9'	8'	8'	7'	7'	6'	6'	6'	5'	5'	5'	5'
	6×6(No.1)	17'	17'	17'	17'	17'	17'	17'	16'	15'	14'	14'	13'	13'	12'	12'	11'	11'	10'
	6×6(No.2)	17'	17'	17'	17'	17'	16'	15'	14'	13'	12'	11'	9'	6'

续表

落在柱子上的支柱承载面积																	
柱大小	36	48	60	72	84	96	108	120	132	144	156	168	180	192	204	216	228	240	256
平台设计动荷载为40磅/平方英尺*																	
Hem-Fir,	4×4	10'	10'	9'	8'	7'	7'	6'	6'	6'	5'	5'
SPF	4×6	14'	13'	11'	10'	9'	9'	8'	8'	7'	7'	6'	6'	6'	5'	5'
	6×6(No.1)	17'	17'	17'	17'	17'	17'	16'	16'	15'	14'	13'	12'	12'	11'	10'	9'	8'	7'
	6×6(No.2)	17'	17'	17'	17'	17'	16'	14'	12'	10'
西黄松	4×4	10'	9'	7'	7'	6'	5'
北美红杉	4×6	13'	11'	10'	9'	8'	7'	7'	6'	5'	5'
西部雪松	6×6(No.1)	17'	17'	17'	17'	17'	16'	15'	14'	13'	13'	12'	11'	11'	10'	10'	9'	9'	8'	6'
SPF(south)	6×6(No.2)	17'	17'	17'	15'	9'

作业训练

（一）设计要求

1．选定一处城市山地空间，场地要求观景视线佳，支坡度介于30°~45°之间，前端无构筑物遮挡。

2．采用木结构方式建构，设计平台动荷载为5880kg。

3．平台平面长宽尺寸自定，要求设置可供4人休息的坐凳。

（二）作业要求

1．综合考虑平台与道路的连接，提出平台选址方案。

2．制作设计方案平、立、剖面图，确定支柱的桩基形式。

3．完成平台施工图，制作平、立、剖面图（比例：1∶50），细部大样（比例：1∶10）。

第六节 台阶踏步与坡道

一、设计

（一）台阶踏步

台阶踏步的外观应该是比较缓和的，踏步的高度应该低一些，踏面的宽度应该宽一些，这是因为如果梯段的坡度比较陡会不必要地加快上下台阶的速度，把台阶踏步的尺度做得大一些会对台阶的外观产生一定影响，这个影响就是使台阶从外表看起来让人感觉很舒服、舒缓。用于踏步顶部和底部或者靠近挡土墙的材料也将在整体设计中起重要作用。台阶的踏步会使其所在场所的个性得以加强，在方向上和在休息平台上有所变化的台阶，与直上直下或上下坡度一样的台阶比较起来，前者将会促使整个设计的趣味性得以加强，台阶踏步的踢面和台阶踏步的防滑条的准确尺寸由所选择的饰面材料所决定。

台阶踏步的踢面和踏面所使用的材料没有必要总保持一致，但是在选择材料的时候应该十分小心，因为台阶的踏步要经受住相当程度的磨损。设计紧挨着铺满草或装饰过的堤岸旁的台阶时，需要特别注意。为了确保能更容易地维修施工，应充分考虑到它们边界的细部做法。

台阶踏步的两个主要的组成部件是踢面和踏面，它们的尺寸大小在台阶的整个外观中起很大作用。室外台阶踏步的尺寸比室内台阶踏步的尺寸要大得多，但是无论是室内还是室外，踏步的高度都应该有一个范围，一般80mm～170mm。任何公式都很难用于计算室外台阶踏步和踢面的规格尺寸。另外，单设一步独立的台阶是很危险的，因为很多人会忽略它的存在，而容易摔倒。

台阶踏面宽不应小于350mm，并且它们不应小于所在道路的宽度。每一个踏步的踏面都应该有5mm的高差，这样做是为了确保不在踏面上积水，因为踏面上的积水很容易引起危险，尤其是在寒冷的气候下，所以能选用防滑材料是最好的。踏面板应该垂直于踢面板铺设并高出15mm，这些高差会影响一长段梯段的整体高度。

踏步的踢面应该是非常明显的，尤其是在与踏面所使用的材料不同的地方。

在踏步很多的情况下，我们还需要设置一些休息平台，休息平台的宽度在1～2m。休息平台之间踏步的最大阶数被限制在12阶，一段梯段的踏步不应超过19阶。

如果所要设计施工的台阶主要是为老年人服务的，或者如果台阶踏步一侧的垂直距离超过600mm，在这种情况下，设计台阶踏步的扶手是十分必要的，具体的施工做法应该参照相应的建筑设计规范。

（二）行走坡道

在坡度为1:12(8.3%)到1:4(25%)之间的坡地上一般会使用台阶式的斜坡道，这种坡道的梯段一般有一个恒定的坡度1:12(8.3%)，而且台阶踢面的高度应该各不相同，以便适合具体地形的坡度。为了减少一段长坡道上明显的坡度陡降，经常会使用台阶式的坡道。为了使手推车和轮椅能在坡道上顺利通过，踏步踢面的高度不应该超过100mm，而踏步踏面的宽度不应该小于900mm，如果能够做到1500mm是最好的，因为这样每一个踏步的踏面可以恰好分成三步走。台阶踏步前沿的防滑条应该通过颜色或材质的明显变化加以区分和界定。

（三）坡道

一般的坡道都有一个最大的坡度，大小为1:10，专为轮椅服务的坡道最大坡度应该是1:12。这些坡道的表面应使用防滑材料，坡道的表面积水应该顺着坡道流下，排入专门的排水沟中。坡道的长度最好不超过10m，在坡道的间隔处最好适当地设置休息平台，平行于街道的坡道比那些垂直于街道的坡道要安全得多。

二、构造

大多数踏步梯段通常使用的是混凝土结构，大部分内设钢筋网，如图1.6.1a～图1.6.1i所示，在多数情况下，为了使其成为连续的大块整体，可能会采用现浇混凝土的方法。地基的稳定性是最重要的，它能抵挡各种各样的震动，当梯段的踏步被保留下来的墙体所阻挡时，如果把踏步和墙体结合起来，那么无论从外观来看，还是从结构的稳定性来看都会好得多，尤其在回填地基且地基有震动危险的情况下，这种做法更为重要。

图 1.6.1a

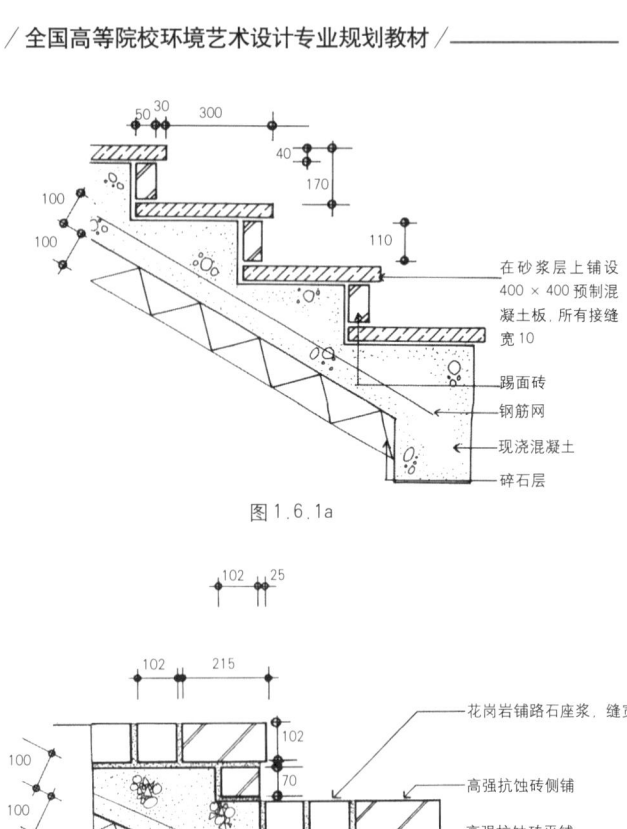

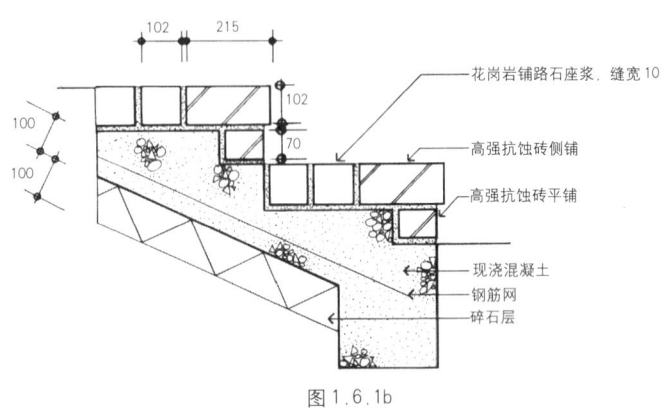

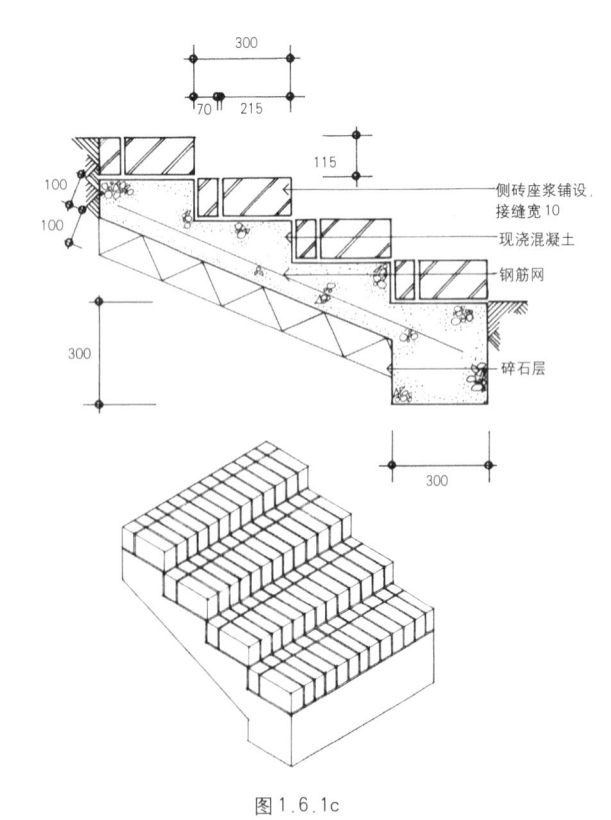

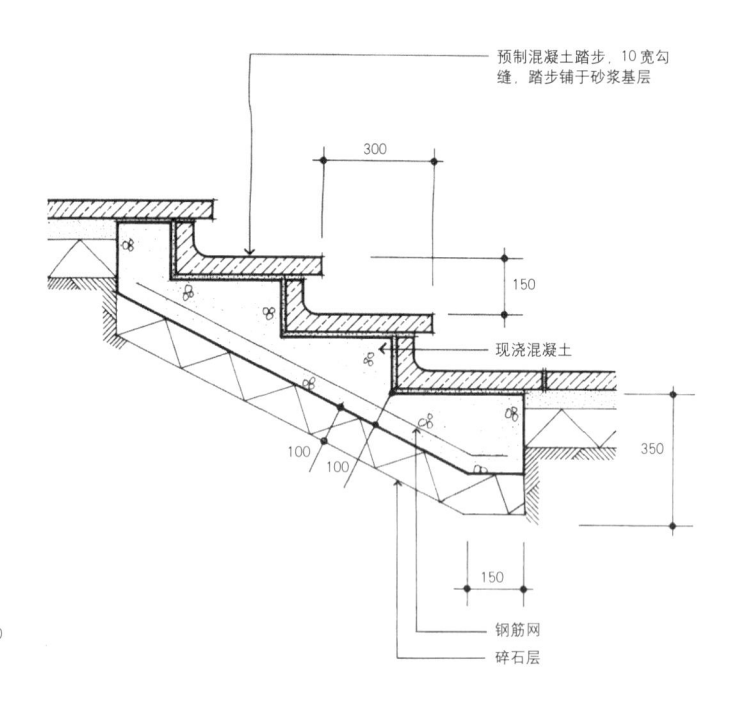

图 1.6.1b

图 1.6.1c

图 1.6.1d

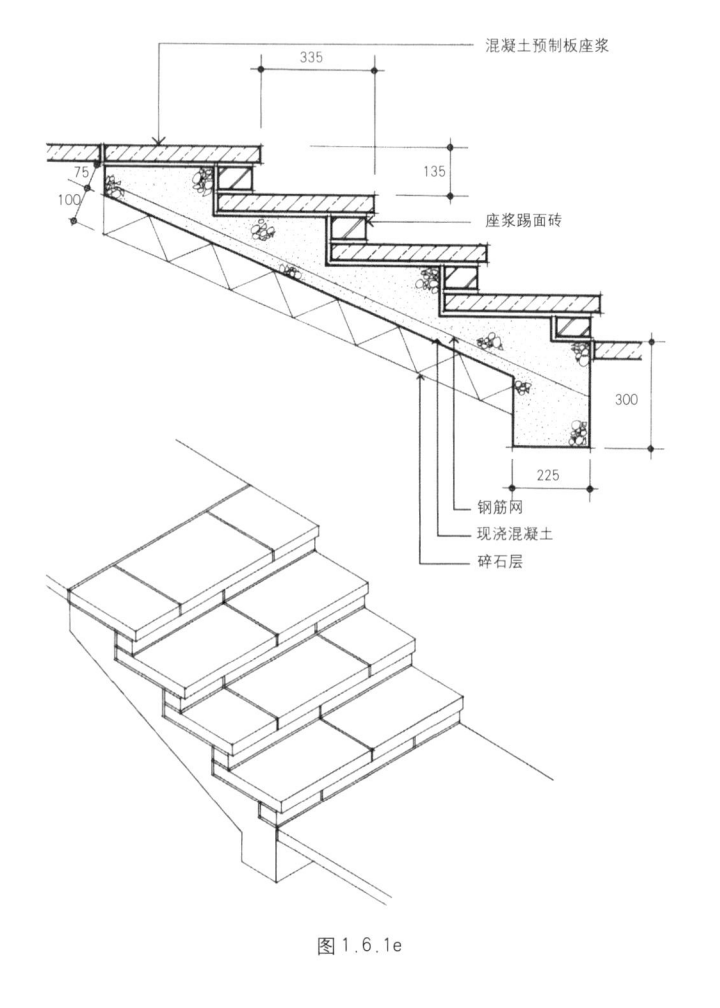

图 1.6.1e

图 1.6.1f

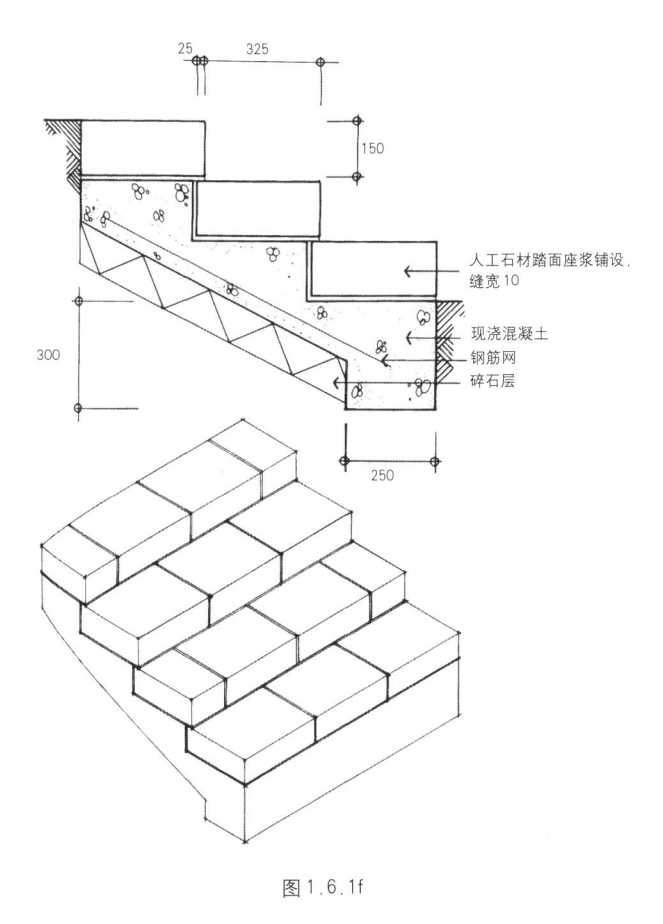

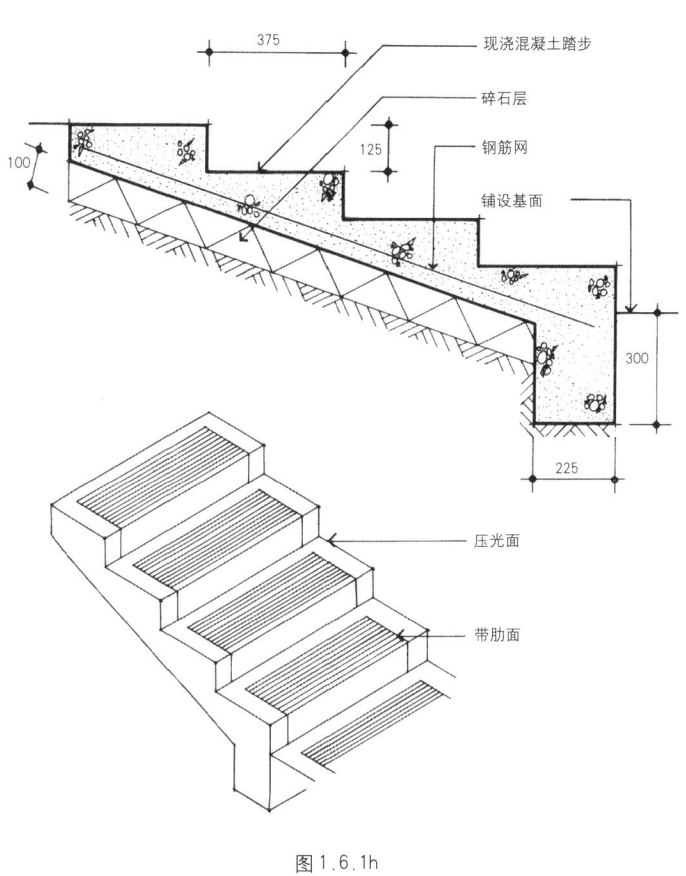

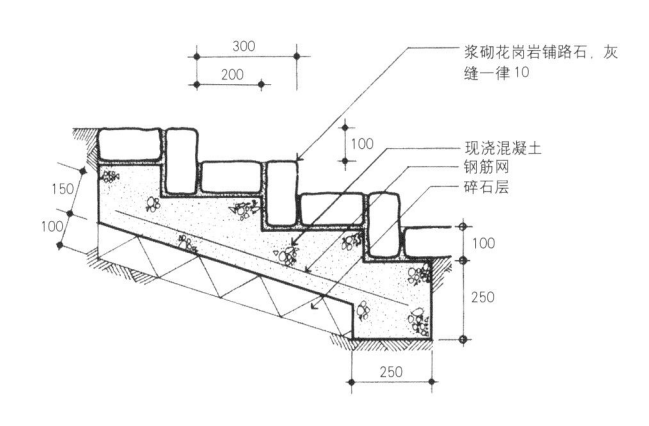

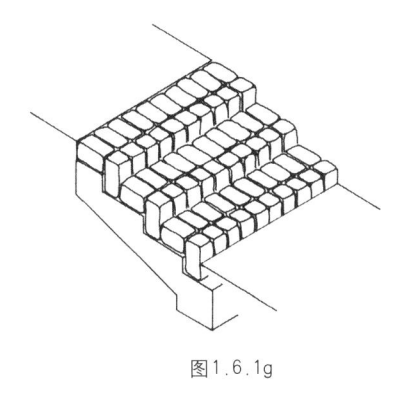

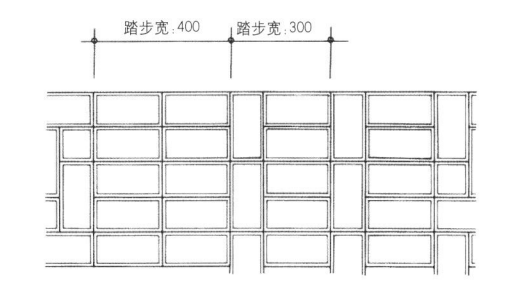

图 1.6.1h

图 1.6.1g

图 1.6.1i

结构中都需用钢筋,通常具有绝对稳定的地基才能够承受不同位移。如果台阶以挡土墙作肋,无论外观还是结构的稳定性都会好得多。对于回填土地基可能会有沉降的危险,这一点很重要。

如果台阶是由预制构件组成的,那么基础条件的好坏就很重要,这一点需要详细说明。在某些特定的情况下,地基不能被彻底地夯实,这时可以使用现浇混凝土。

应该详细说明基础的细部大样和夯实的方法,它要根据路基的承载力来确定。如果地基广泛地被用来承担繁重的交通,就会使其发生损坏,所以地基选用的材料要优于铺面材料,包括地层中任何一个为排水沟挖的坑道。

如果超过了规定的限值,垫层就不能用来填缝或做地基的找平层（图1.6.2a～图1.6.2d）。

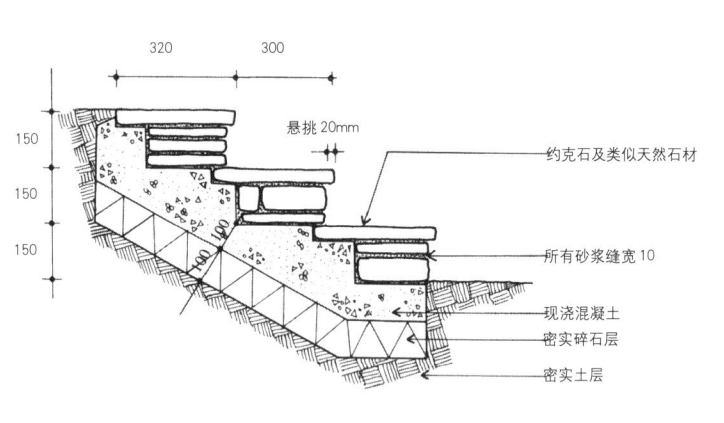

图1.6.2c

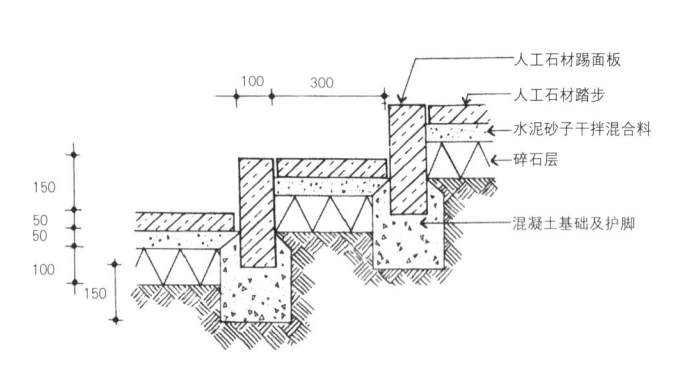

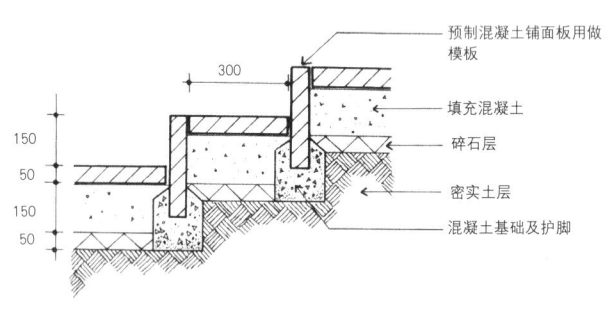

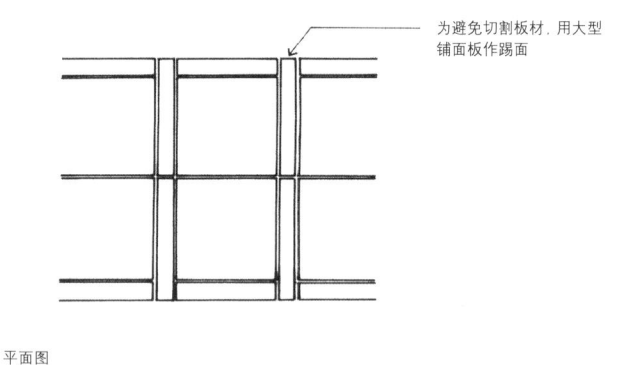

图1.6.2a

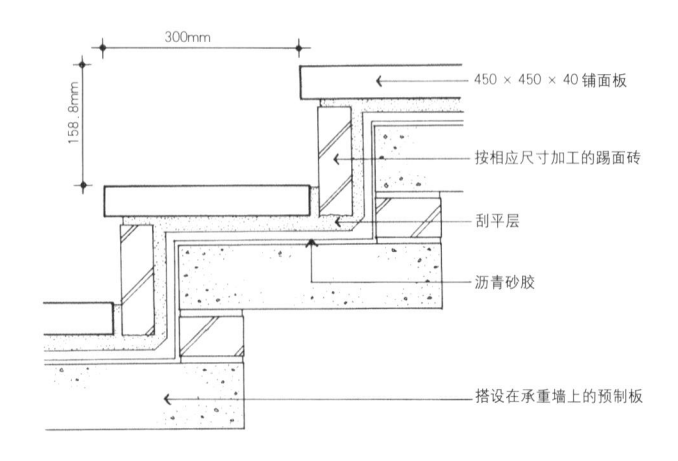

图1.6.2b

图1.6.2d

三、施工

铺设：所有的预制构件都必须铺在固体垫层上,这个垫层是由碎石垫层和砂浆或水泥与沙子干拌组成的。

接缝和灌浆：接缝的制作方法应该写在铺路的方法中,并且还应该有整个工程所使用方法的详细内容。根据接缝的尺寸大小应详细说明干砂浆、嵌缝砂浆或沙子填缝两种方法的相关内容。

干砂浆接缝：这种接缝方法适合任何一种有吸水性的铺面材料(如砖、混凝土等)，因为这样做，饰面材料很难将砂浆吸收，还可以采用十分干燥的或混合的材料，这样有利于密实接缝，并使接缝处变坚固。

嵌缝砂浆接缝：这种方式可以防止沉降和霜冻，但时间一长，接缝处的质量就会下降，所以每隔几年，必须进行重新嵌缝处理。如果使用粗质砂层(不是普通的建筑用砂)，就会提高接缝的耐久性。

思考题

1.在多雨潮湿地区，台阶踏面的设计应注意些什么？采用哪些措施可以达到安全、舒适行走的要求？

2.在多雨潮湿地区，坡道的表面除了采用防滑材料外，还通过什么途径提高安全性？

第七节 排水沟

一、设计

排水沟一般用于建筑间场地或者道路表面(无论是斜面还是平面)以及普通道路和车行道的排水。排水沟应当成为路面铺设模式中的组成部分之一。当水在路面流动时，它可以作为路的边缘装饰，在压路机不能碾压到边缘的路面上是尤其有用的。排水沟的宽度必须与水沟的栅板宽度相对应。

(一) 基本类型

排水沟可采用盘形剖面或平底剖面，并可采用多种材料，例如：现浇混凝土、预制混凝土、花岗岩、普通石材或砖。

砂岩是很少被使用的。花岗岩铺路板和卵石的混合使用使路面有了质感的变化。卵石由于其粗糙的表面会使水流的速度减缓，这一点的运用在某些环境中会显得十分重要。排水沟的形式必须与周围建筑和环境的风格保持一致，尤其是在有新老风格衔接的区域，由于成本原因，一般很难做得非常好，特别是在与古文化保护地区相邻的一些地区。盘形边沟多为预制混凝土或石材，石材造价相对来说较高。平底边沟应具有压模成型的表面以承受流经排水边沟的雨水或污水的荷载。

(二) 跌水

跌水坡度应介于1:2000和1:60之间，1:2000坡度适于预制混凝土材料，1:60坡度适于砖和花岗岩材料。

路面排水沟也可用做路边的保护体，边沟上有铸铁护栅，截面呈半圆形，沟面上釉。

两种形式都对防止淤泥阻塞管道有很高的要求，格栅能移动，可直接清理，但由于它坚韧不易磨损，所以具有防腐能力，并能承担交通荷载（图1.7.1)。

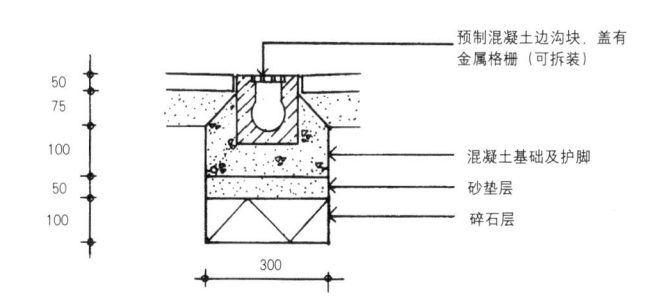

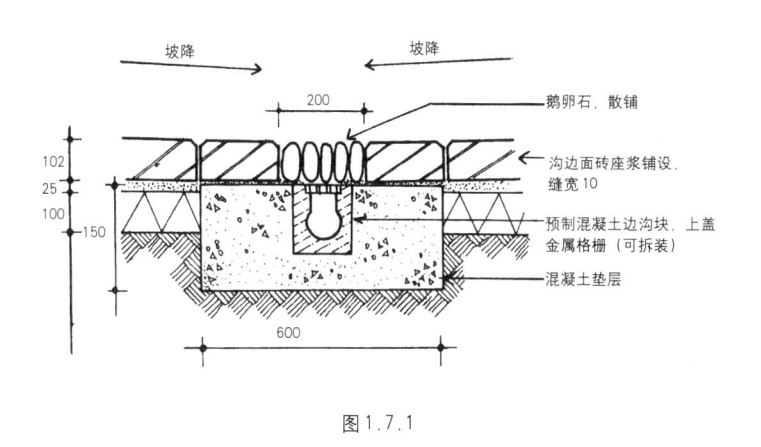

图1.7.1

二、构造

(一) 沟道

在完成这部分说明之前需要作好每个铺设节点和边缘处理的详图。

图1.7.2a～图1.7.2g列举了多种排水沟的形式。块材长度定为915mm，大多数生产厂商将给出替换尺寸，有些规范中也给出了各种块材的外形轮廓，包括经常使用的600mm长度的形式。

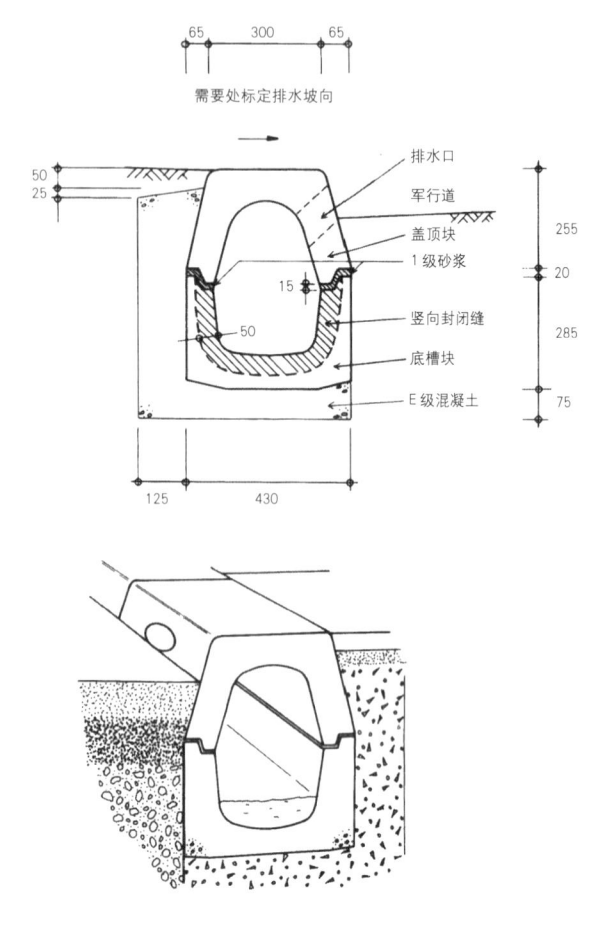

图 1.7.2a

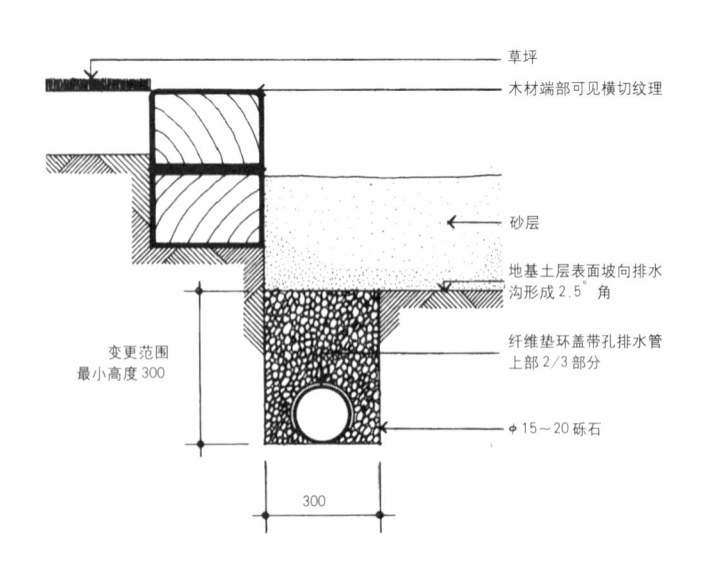

图 1.7.2b

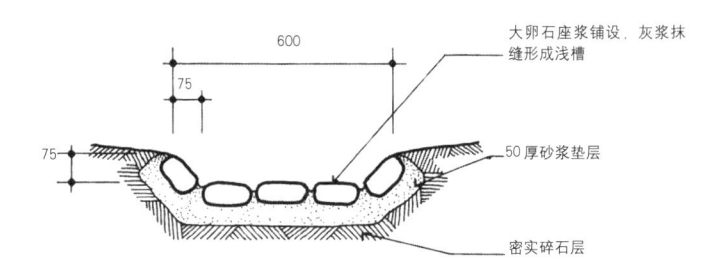

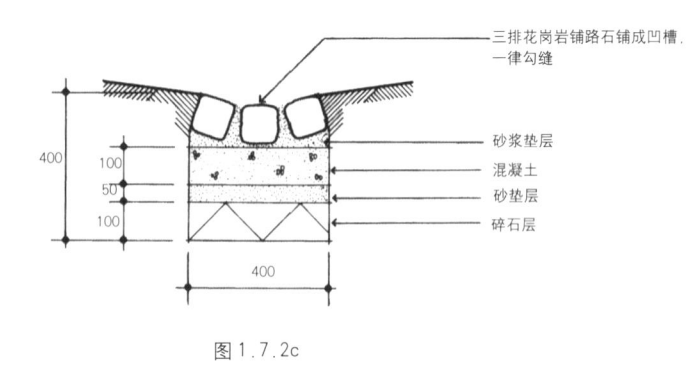

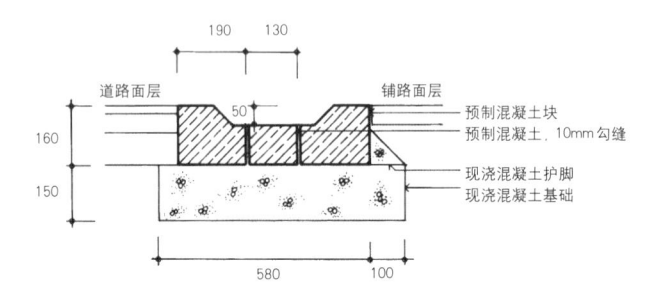

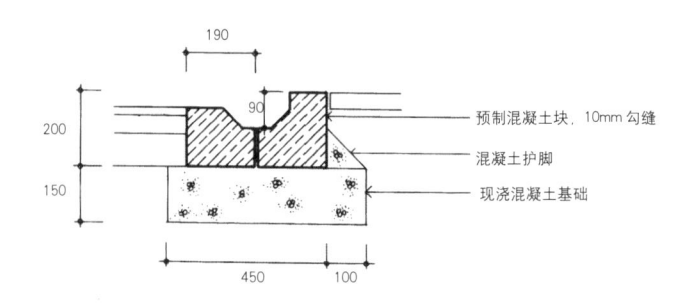

图 1.7.2c

图 1.7.2d

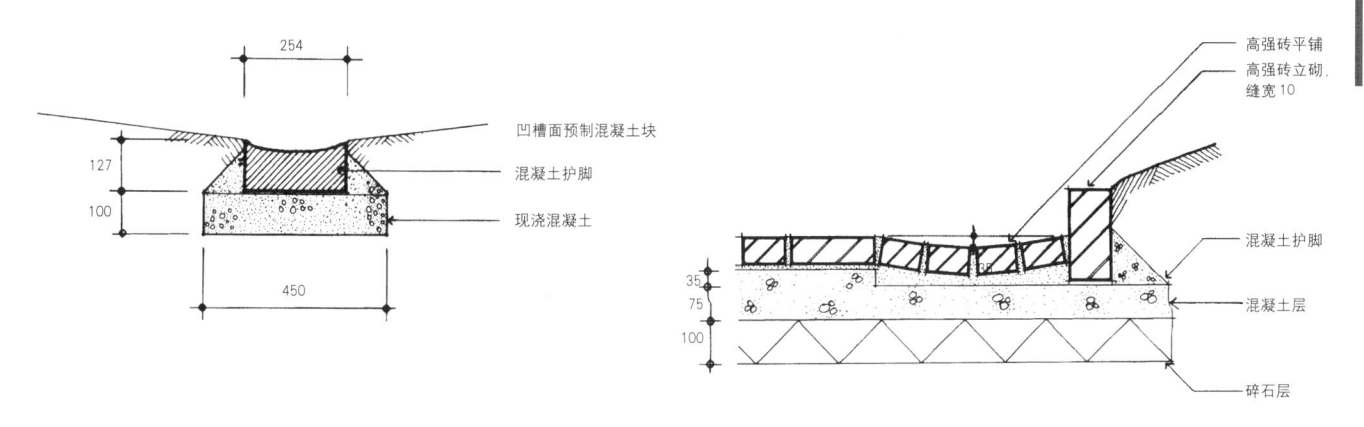

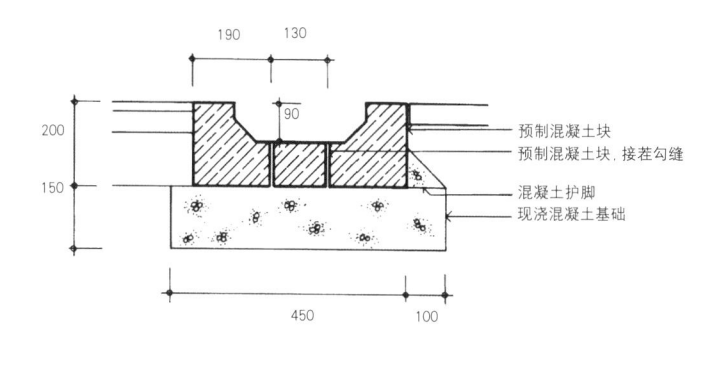

图 1.7.2e

图 1.7.2g

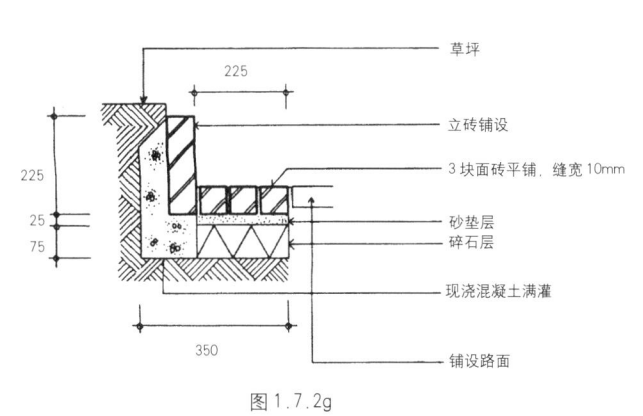

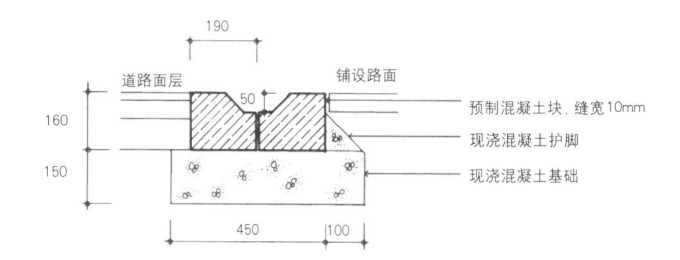

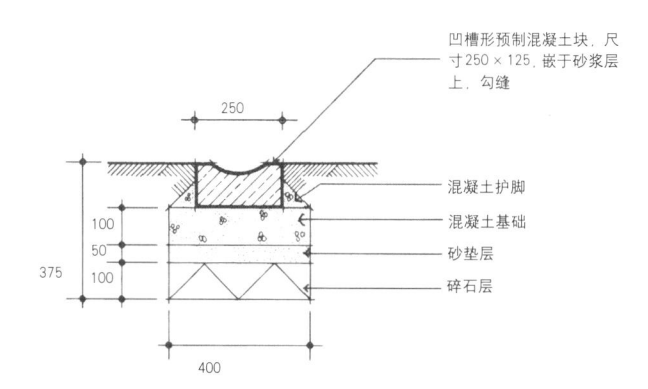

图 1.7.2f

（二）石制排水沟

标准尺寸是（宽度×高度）300／250mm×150mm，所有的边沟最小长度通常为600mm。

（三）砖制或砌块边沟

砖及所需块体的尺寸及色彩常见的是有纹理的及面层裸露骨料的混凝土块体。

（四）管道

常见的有利用预制混凝土、聚酯混凝土、铸铁及镀锌钢等排水管道形成的排水管道系统（图1.7.2a、图1.7.2b）。

三、施工

铺设构件时应给出构件说明，包括水平路堑和护脚，标出一个平滑坡面，确保无积水或滑坡。边沟最低点要高于排水口6mm为宜，边沟应高于排水口以免沉降。

在排水沟系统施工中，平滑放坡时应确保无积水或滑坡，注明放坡方法。放坡前清除淤泥和瓦砾碎片。

思考题

1. 在设计排水沟时，影响跌水坡度的除了构筑的材料本身性能，还受哪些自然因素影响？
2. 在排水沟施工过程中，怎样避免积水？

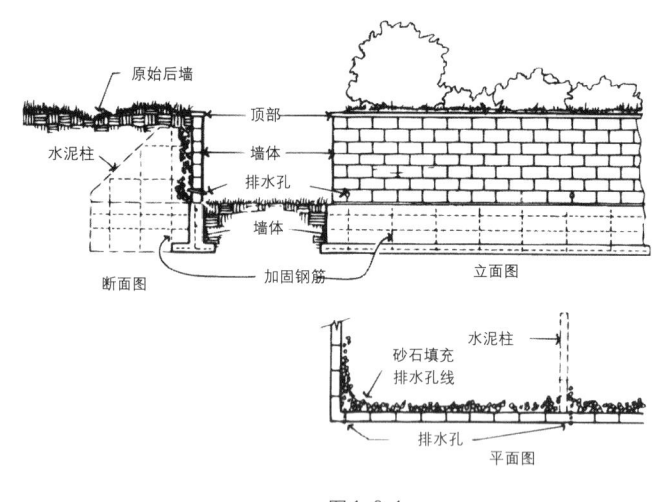

图1.8.1

第八节 挡土墙

一、设计

挡土墙不但可以保持土壤形状，以及在不同水平高度之间创造最大的可用空间，同时还可以控制地表水的排放。挡土墙的材料选择范围很大，它通过色彩、质感和造型的运用增加一个空间的美学价值。可用来建造挡土墙的材料有许多，它们的强度、建造费用和外观也是各不相同的。

挡土墙可分为实体的和有空隙的。实体的挡土墙可由密实的混凝土或其他建筑材料在接缝处涂抹泥浆砌筑而成；而有空隙的墙体能使水从建筑材料之间的连接处流出。砖、混凝土、涂抹泥浆砌筑的石材及混凝土预制砖块构成的挡土墙都是实体的，而无浆砌干石材、系杆式围栏、景观用木料围栏、立柱式围墙及木质围墙都是有空隙的。

实体挡土墙需要墙基。墙基是混凝土灌制的延伸到该地区冻层以下的地下基础。它们可以增强墙体的稳定性，避免由于冻融交替、土壤膨胀和收缩而带来的墙体移动。强化的钢杆（即钢筋）也能够增加混凝土墙基的强度，使其免于断裂。合理的墙基应该是下宽上窄，并宽于挡土墙墙体本身，这样才能通过将其重量分散到一个宽大的基础上而避免墙体下沉（见图1.8.1）。一些带空隙的挡土墙也需要墙基，但它们通常是作为支撑。因为多孔墙体没有连接成一个整体，它们不存在断裂的危险。立柱式围墙和木质围墙则需要一些特别的墙基以增强其结构强度。

二、构造

（一）实体墙

因为它们是实心的，因此在混凝土墙和涂抹泥浆的墙体背后就会形成水压。如果不减轻这些压力，它们就会逐渐增大，以至于向前压迫墙壁，引起墙体断裂或倒塌。在实墙底部打通的且具有一定间距的泻水孔，能够使多余的水排放掉。这些泻水孔可沿着墙壁的底部每1.8m～2.4m设置一个。

实体墙的表面通常是垂直的。为了增加支持力并且防止墙壁倾斜，往往需要一些延伸到后面坡地中的垂直支撑。这些支撑，通常为灌制的混凝土件，即水泥桩。每一个墙体水泥桩的数量和大小取决于墙壁的高度和它所要固定的土方的数量。平均来说，一个合理的实体墙可能会有一些深入后面坡地1.8m的水泥柱，而且沿墙面每3.6m～4.5m处就有一个。像墙基一样，水泥柱也应该用钢筋加固。

（二）无浆砌干石墙

干石墙的石材是通过层的交叠堆积起来的。因为没有使用任何黏合剂，石材可自由地随土壤的膨胀和收缩运动发生微小的移动。多余的水也会通过石材之间的缝隙排放掉，因此也不需要泻水孔。虽然不需要墙基，但是建议将墙体建在一条浅的沟槽中，以防止石材前滑。

从稳定性和安全性出发，干石墙面需要向被固定的土方一侧倾斜，被称之为直倾斜。通常每300mm高的干石墙需要直倾斜50mm～90mm。干石墙的背面必须是垂直的或者向前有一个小的直倾斜，下宽上窄的形式使墙体更牢固，并有利于防止下沉。墙体表面的直倾斜将重力转向后部以抵住土壤，使之固定在原位置上，反过来，土壤也使得石材更稳定。石材与土壤之间共栖互惠的关系使干石墙成为一种很好的挡土墙形式。(图1.8.2)

必须固定三个地方——两端及中间。

系杆式围栏墙的支撑固定还来自其他两方面。这种墙既可以用直倾斜方式建造(如上述干石墙)，又可通过延伸围栏系杆的一部分到后面的坡地中，充当柱桩。通常，当墙体超过900mm高时就应该使用直倾斜也使用柱桩。如果用直倾斜，每一层系杆就以下一层系杆垂直面为基准向后退30mm～60mm，因此墙面是呈阶梯状的(图1.8.3)。另外也建议在系杆或木料围栏墙中使用像前面干石墙中介绍过的卵石填充。

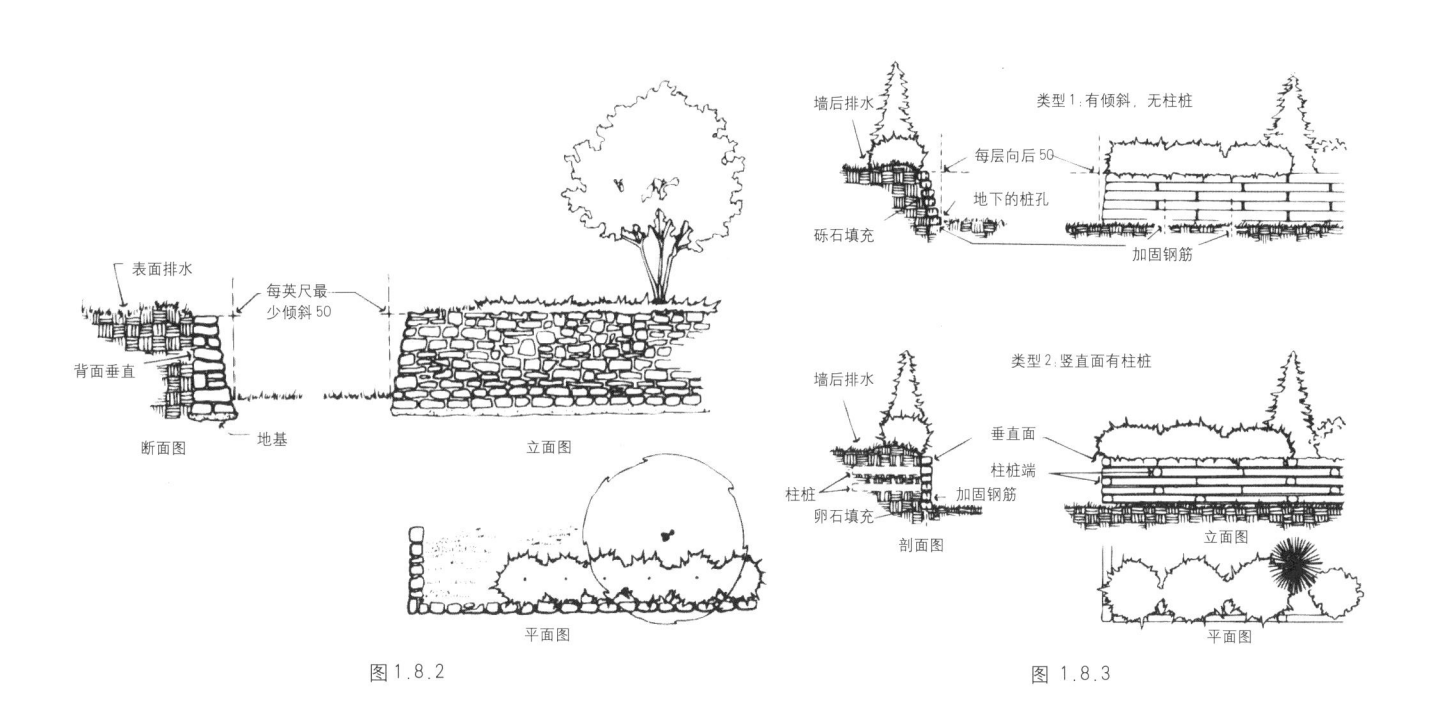

图 1.8.2

图 1.8.3

在挡土墙后面塞挤卵石，将有助于雨水的排放，否则就会在挡土墙后面形成压力。这种卵石也可填充到石材之间的空隙中，帮助调平单块石材。如果卵石使用得当，地表水就会安全地排放掉而不会造成麻烦。

(三) 系杆式围栏或景观用木料围栏

系杆式围栏是一种廉价的使用率高的挡土墙。水平系杆可以建造一个极好的墙体并且不需墙基。像干石墙一样，底部的系杆应建于斜坡下。各层系杆通过长的钢筋和长钉紧密地连接在一起。当使用钢筋时，开始的孔必须钻透顶层系杆，这样钢筋才能穿过并穿到下一层和第三层系杆。长度为2.4mm～3mm系杆

景观用木料是经过防腐处理过的木材，使用方法与系杆围栏类似。但比系杆细小，当水平安装的时候，它们需要不同的支撑方法。最好是将垂直的木料放置在墙体的前面并插入地下，然后用混凝土进行环状填埋固定。木材被钉子与柱桩材料及正上方的木料钉在一起，中间间隔约1.2m～1.5m。

(四) 立柱式围墙

柱式墙的建造方法很多。可使用的材料也各不相同；它们包括围栏系杆和园林用木料。各种类型的柱切割好后排列于沟中。然后将沟中灌满混凝土，围墙的另一侧也灌上一圈混凝土。地下部分的高度因墙高不同而各不相同。通常，地上地下部分长度应该一致，

大约为900mm~1000mm。立柱式围墙通常是垂直的，较高的围墙需要直径较大的立柱。立柱顶部可根据想要的外观切割整齐，也可呈不规则状。一些多余的水可以从立柱之间流出。也可利用卵石填充帮助缓解墙体背后的压力。(见图1.8.4)

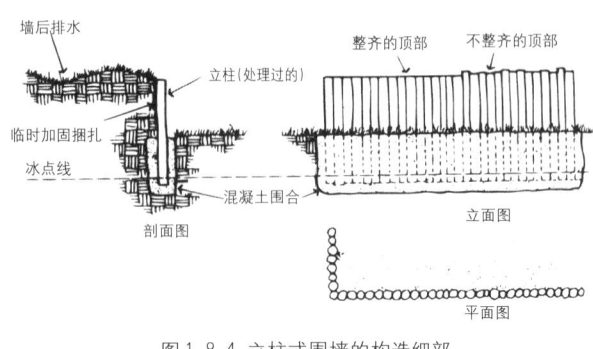

图1.8.4 立柱式围墙的构造细部

（五）木制挡土墙

有许多种类的木制挡土墙，它们的建造方法大都相似。即将木质墙板钉在立柱上并用混凝土做环状填埋固定。墙板厚度至少要有600mm。有时还要在这些墙板上钉一些薄板，以设计成不同的形式。不管使用哪种木材，与土壤接触的表面都应该用木焦油或其他防腐材料处理，并且镀锌螺丝和钉子也需要防锈的。

三、施工

高度和强度要求限制了某些类型挡土墙建造的可能性。如果围墙必须高于1.2m，那么多数木质围墙、小直径的立柱式围墙及景观用木料造的围墙就会缺乏抗压强度。而所有形式的实墙、干石墙、水平系杆围栏墙则可以胜任。与此同时，比例非常重要的墙的高度和水平长度也决定了材料的选择。细小的材料适于短墙。而一条长而高的无浆砌干石墙最好由大块石料砌成，一条短的干石墙，用较小的石料看起来则会更好。

第九节 栅栏与围墙

一、设计

栅栏和围墙这样的屏障有助于界定围合空间、遮挡场地外的负面特征（如风、噪声、不好的景观），并提供安全感和私密感。当植物屏障不能有效地实现其功能或美学目标时，需要采用这类结构。在改善某一场地时，栅栏和围墙不应给邻近的房产环境造成不好的影响，如小气候、遮挡视线或改变雨水径流方式。因此，场地及其外围影响是决定栅栏形式、大小和材料的关键因素。相邻建筑的风格、规模、排水方式、地形和场地边界是主要的考虑因素。

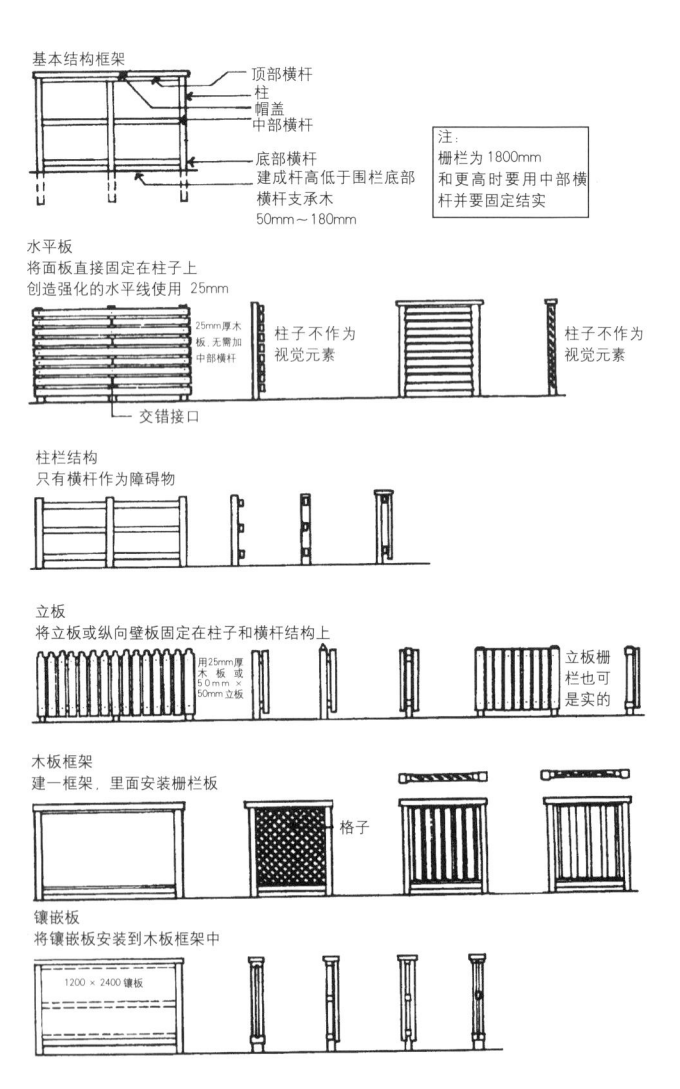

图1.9.1 几种栅栏的做法

围栏的形式及种类可以多种多样。只使用一种结构形式等于限制了围墙的功效,同时也会给人乏味单调之感。基于此,围墙通常总是由两种或更多种类型要素结合而成,从而取得功能与外观上的最佳效果。例如,一个栅栏或围墙,如果局部附有植物或以较高的植物作背景,就会显得非常美观。同样,色彩与质感变化丰富的各种栅栏和墙体材料也可以增强群植植物的表现效果。但要注意,在植物被植于围栏或围墙前时,应选择其生长高度为栅栏或围墙高度的1/3或2/3的植物,以使其有一个恰当的比例关系。

(一)木质栅栏和金属栅栏

如图1.9.1所示,水平横杆与柱子相连形成基本框架来固定立柱、镶嵌板或其他栏杆。柱顶用于视觉美观或使柱子不积水(见图1.9.2)。

(二)砖墙和混凝土砌块墙

图1.9.3为砖墙的一些常用砌合方式。墙头可以用普通砖、特殊墙头砖、预制混凝土或其他材料如木材或石头(见图1.9.4)。

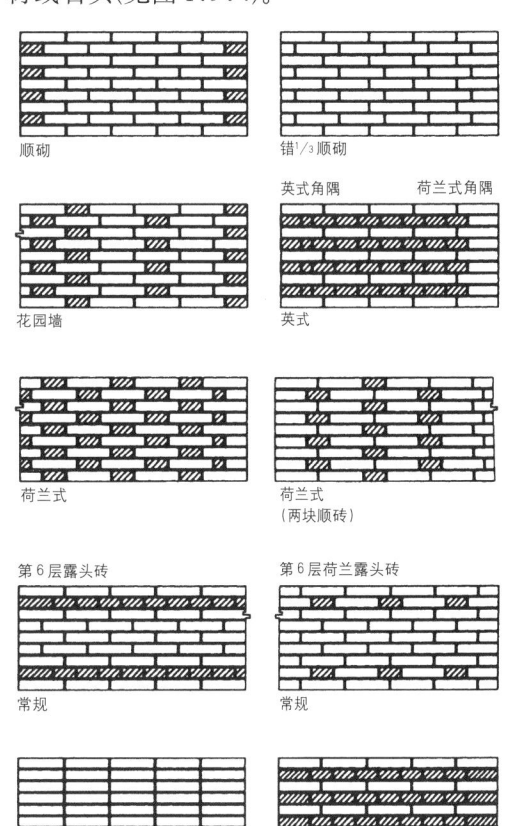

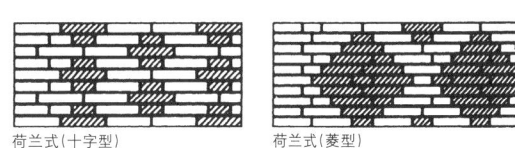

图1.9.3 常见砖砌形式

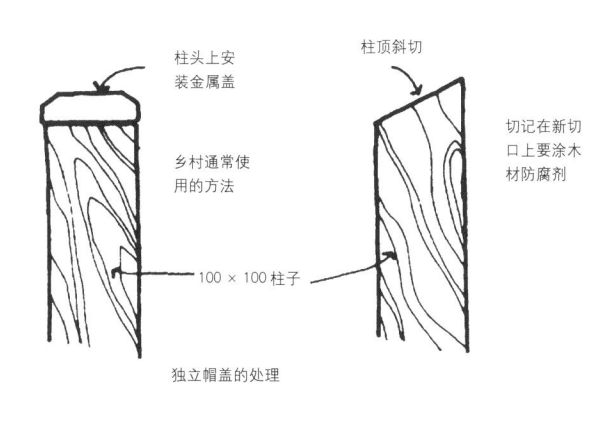

图1.9.2 典型柱头细部

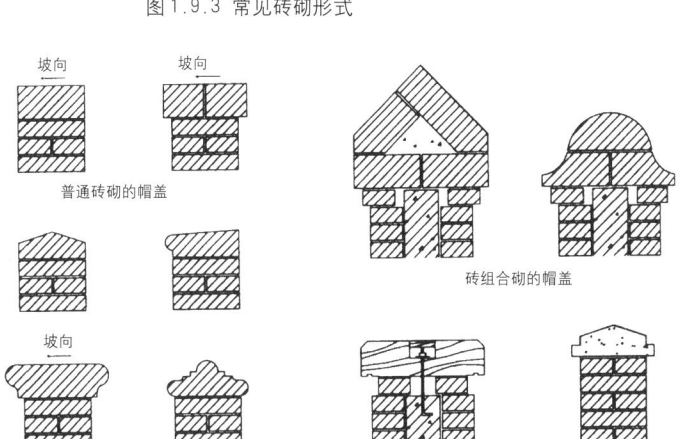

图1.9.4 砖墙的典型帽盖

(三)石墙

砌墙的两种基本的石材形式是毛石和琢石(图1.9.5)。琢石表面通常是平的,选择的大小范围有限,但容易垒放。毛石一般可以就地取材,通常也比琢石便宜。然而,毛石形状不规则且难切割。不管使用哪种石头,都需要一些墙头压顶的做法,图1.9.6提供了几种墙头压顶的选择。

二、构造

(一)木质栅栏和金属栅栏

木栅栏的柱子通常为100mm×100mm,转角处的柱子需更结实,为150mm×150mm。立柱固定在地上的方法不同(图1.9.7)。金属柱可以是25mm~100mm,方形或圆形钢管或铝管固定于水泥基座中。立柱通常由20~25 mm方形或圆形钢管或铝管做成或由实心金属做成(图1.9.8)。

(二)砖墙和混凝土砌块墙

围墙需要连续的基座,一般为现浇钢筋混凝土结构。墙体在此基座上建造(图1.9.9)。许多规范要求非承重墙的基座两侧至少比墙宽出150mm。总的来说,基座厚度不小于250mm、宽度不小于400mm,根据场地情况需要铺设两条连续钢筋。

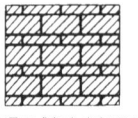

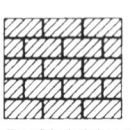

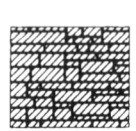

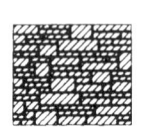

图1.9.5 琢石砌法

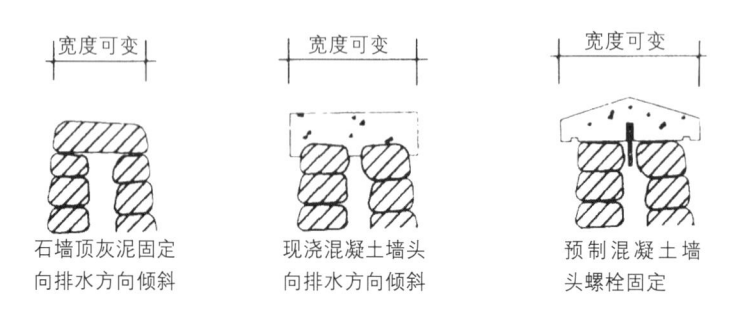

图1.9.6 石墙墙头

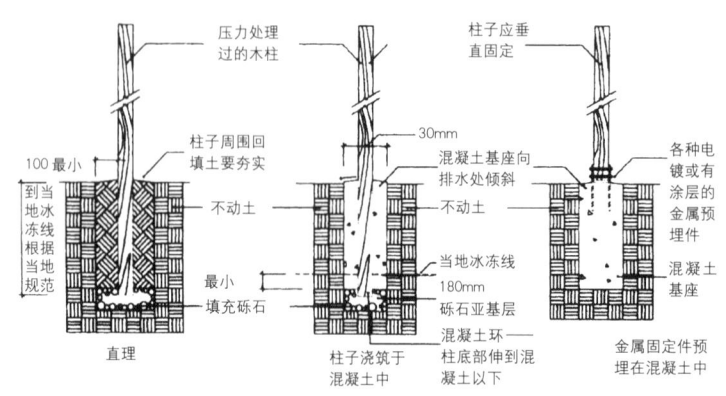

图1.9.7 典型柱基座设计

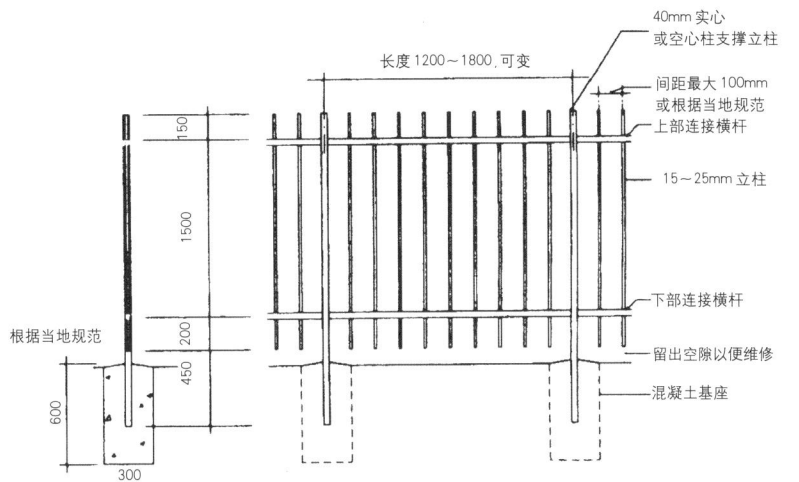

图1.9.8 典型金属立柱栅栏结构

图1.9.9 连续的基座构造

（三）石墙

干垒石墙的做法很灵活，能够尝试不同摆法，且不需延伸到冻土线下的地基或基座。灰砌石墙要有连续的基座才能更结实，也才能建得更高(图1.9.10)。

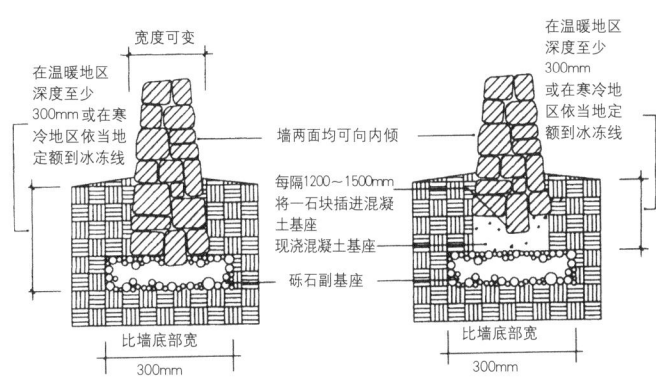

图1.9.10 典型石墙基座做法

三、施工

（一）木质栅栏和金属栅栏

图1.9.11为几种木制栅栏的连接方式。图1.9.12a～图1.9.12c是金属栅栏的不同施工方法。

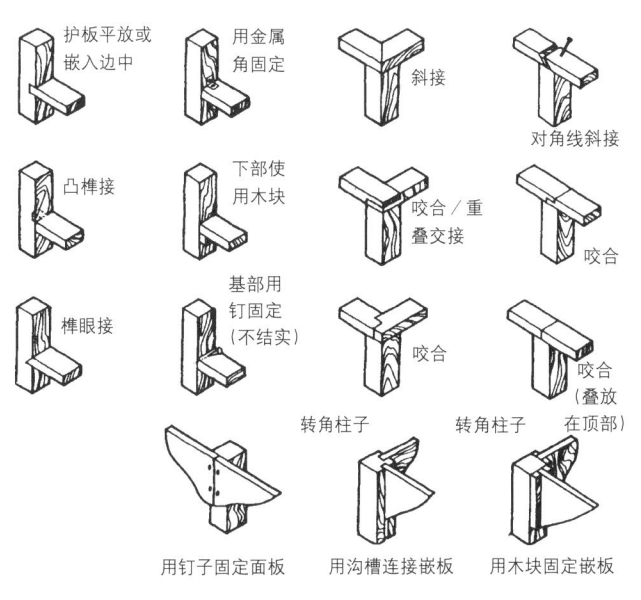

图1.9.11 典型木栏板固定技术

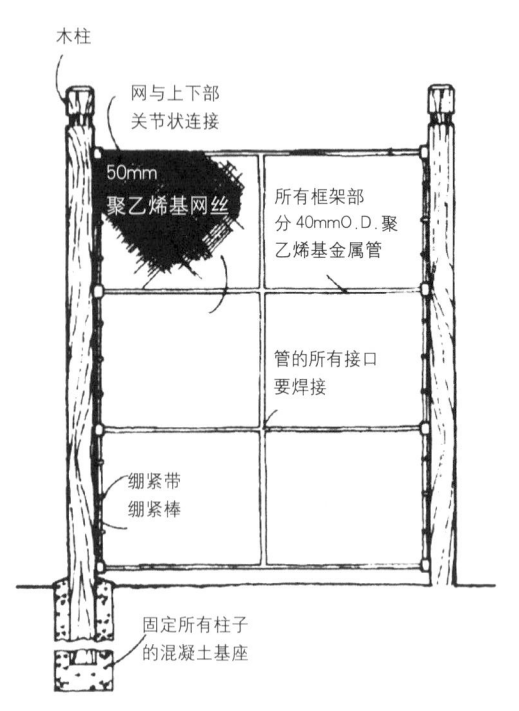

图1.9.12a 木柱结构的金属网栅栏

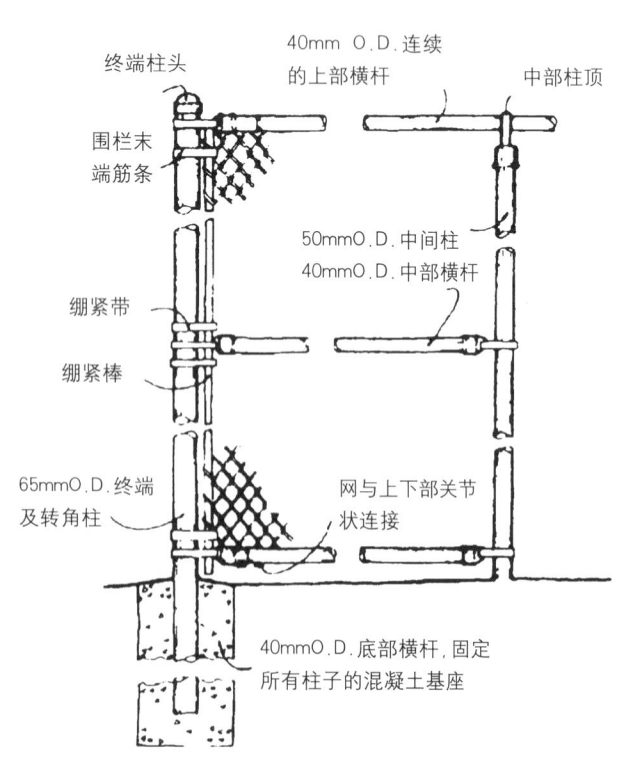

图1.9.12b 典型链式栅栏

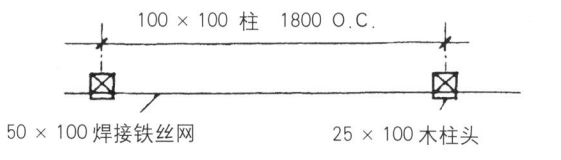

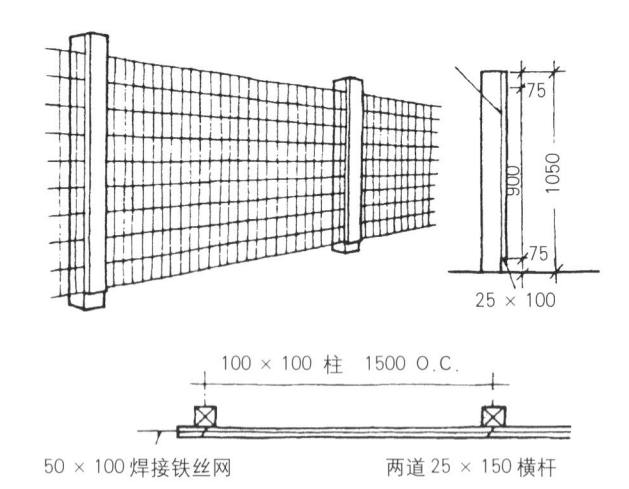

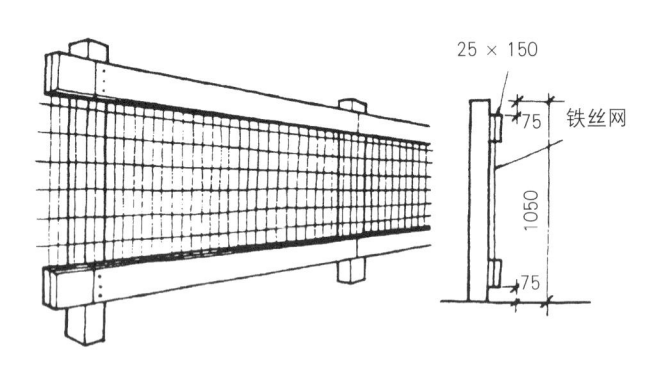

图1.9.12c 金属网的应用

（二）砖墙和混凝土砌块墙

图1.9.13是一般围墙的构造方法。在49N/m²的风压下，一道直砖墙的高度不应超过其厚度平方的3/4。如一道200mm厚的墙，最大高度限制在1200mm。然而，高墙经常加一层砌面和加固混凝土墩（图1.9.14、图1.9.15）。

（三）石墙

石墙可以由两侧垒起，内填碎石或用大石块跨越将两侧连在一起（图1.9.16）。方法是每1m²的墙面至少放置一块连接石。

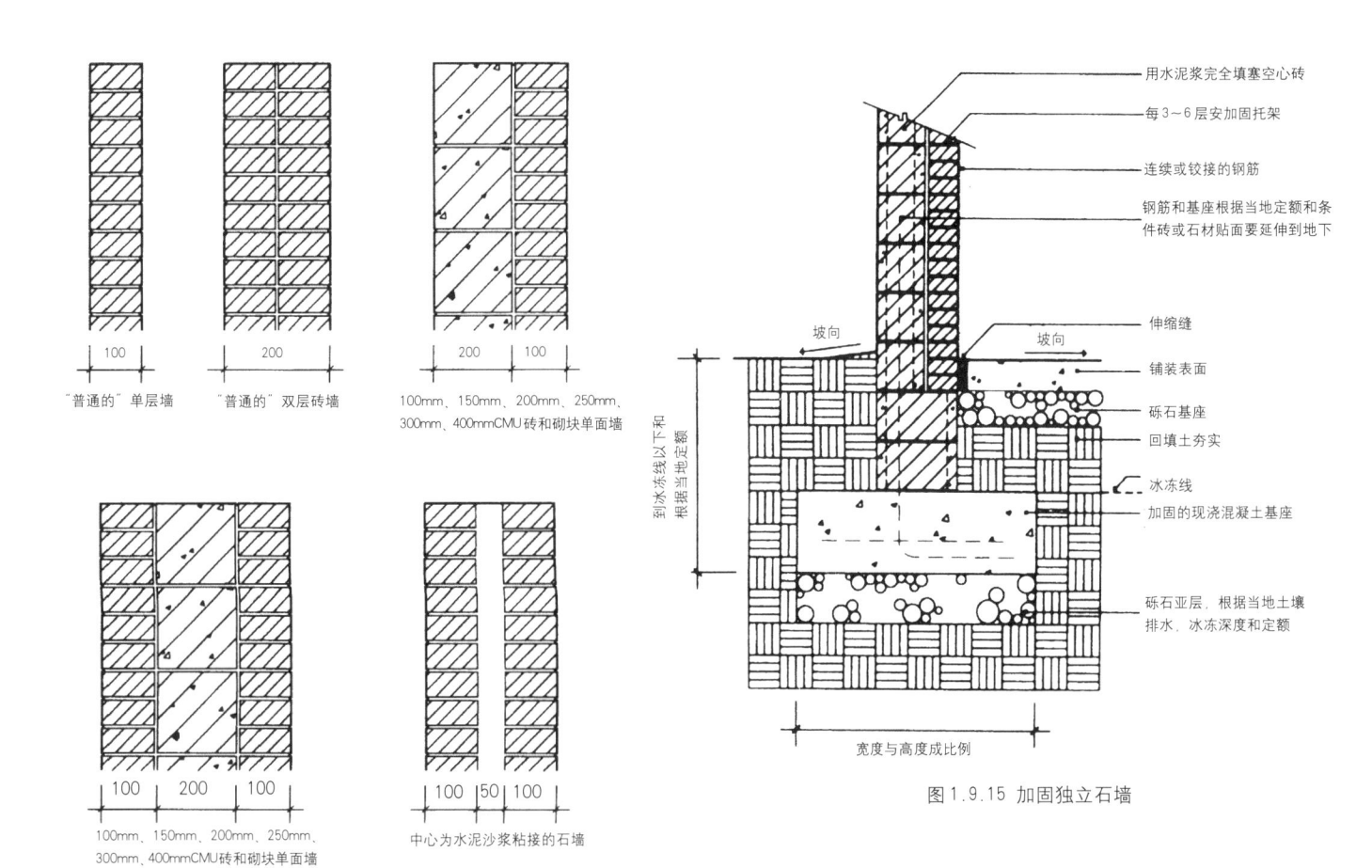

图 1.9.13 典型的砖墙构造

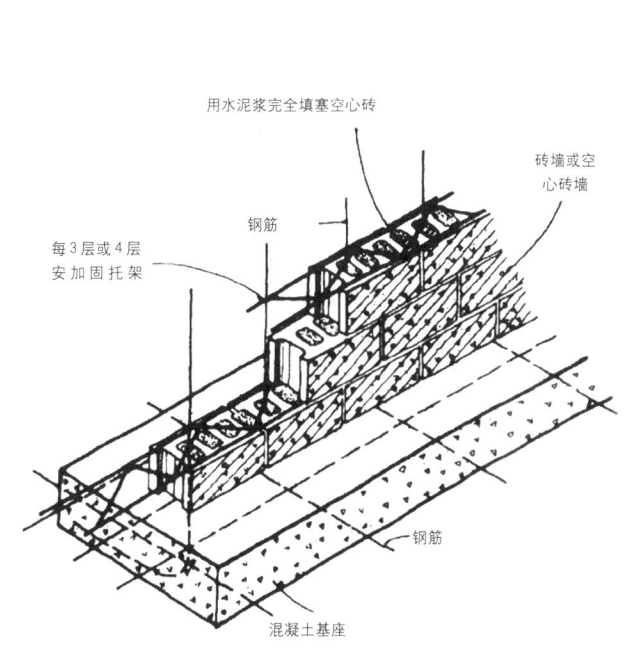

图 1.9.14 加固砖石围墙

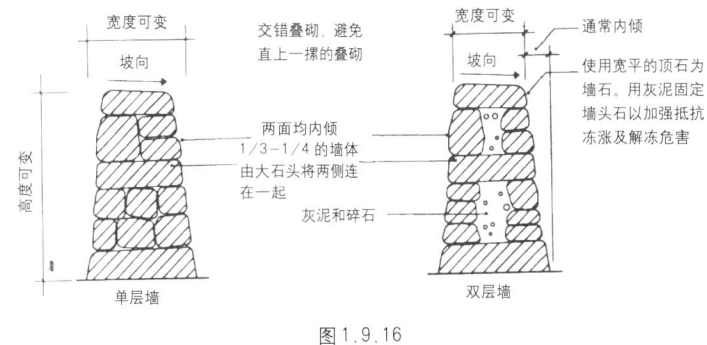

图 1.9.15 加固独立石墙

图 1.9.16

思考题

1. 栅栏和围墙是界定空间的手法之一，此外，它们还有哪些功效？
2. 如何解决栅栏木柱子顶部的防腐问题，分别有哪些途径？
3. 在多雨的地区，围墙适宜采用何种类型的帽盖？
4. 在设计混凝土或砖石墙的连续基座构造时，应注意哪些影响因素？

第十节 铺面板与栈道

一、设计

（一）铺面板

铺面板的设计在很大程度上受以下因素的影响：结构形式、材料类型和尺寸、造价和维护方法。

铺面板框架有两种形式——台式构架和梁板式构架。这两种建造方法都有各自的优缺点，所以选择哪一种与以下因素有关：设计者的审美标准、造价比较、建造地点，以及具体指定的所用木材的类型和尺寸。有些木材本身具有防腐性能，而其他的木材则需要进行防腐处理。金属需要在热镉液体中浸泡，镀上一层保护层，或涂上油漆作保护，把生锈的可能性降至最低。生锈的钉子和金属构件会玷污木材，不仅有碍美观，而且最终会丧失强度和支撑能力。设计和结构必须遵从当地规划和对建筑物的控制法规。在开始设计之前应该查找出这些法规并进行检查。与栏杆、长凳和花盆等一样，铺面板的外观在一般情况下比其他木制品更为重要，因为在观察者的视线中，铺面板的各部分都十分清晰。有时，制作铺面木材的质量和外观比在其下的承重构件所用的木材更好。

（二）栈道

栈道经常用在人们穿越陡峭地形、沙丘、沼泽、湿地和其他通行易受影响的景观中。它可以提供更安全的入口。虽然镀锌钢和混凝土已经大量使用，但是栈道——需长期保持稳固的结构，大部分仍是由木材建造的。

栈道由基础、框架、铺面板组成。如果它高于地平面750mm，那么它还应加设围栏，而且栈道需要有自身特色，如加建长椅或观景平台。基础与其所建地点和设计方案直接相关，它常常是支墩式或木柱式的。如果软质木柱与地面相接或浸在水中，那么它必须经过防腐处理，更为可取的是采用无毒害的防腐处理。如果采用的是硬质木材，那么它则必须是源于可持续发展的资源。软质木片（一半或全部）经过处理后都可以使用。对于与地面平齐的栈道，也可以使用旧铁路枕木和电线杆，因为这些材料已经过处理，而且它们具有相当适合的尺寸。

枕木的标准尺寸截面为250mm×125mm，长2.4m；电线杆的直径一般300mm或400mm，长度则从6m到10m不等。对于在地面上的栈道来说，柱子对它所起的作用与基础对桥的作用是一样的。

栈道的结构与铺面板很相似，且铺面在结构中扮演着同样重要的角色。栈道可以采用台式框架或梁板框架结构。有关栈道的构造与施工的内容将以铺面板为对象在本节以下部分进行讲解。

二、构造

（一）框架

1. 台式构架

这是一种由梁和托梁组成的结构形式。因为托梁承担了大部分面积上的荷载，而且常能起到密肋梁的作用，所以只需要数量很少的梁。

托梁之间的距离是由托梁承受荷载能力的大小、地板最大允许跨距和所使用的承建木材决定的。因为使用了托梁，所以这种结构类型往往会导致铺面板有一个很深的外轮廓。

2. 梁板构架

在这种结构形式中是不需要使用托梁的，因为梁铺得很密，其间距很小，使它们具有与托梁一样的功能。木板的厚度不应小于50mm。

梁间距取决于以下几个条件：木板允许达到的最大跨距，交叉横断面上梁的节点尺寸及梁的允许跨距。这种类型的构架形式的主要优点就是高度较小，因此，它常常用于建造海滨木板路和与地面平齐的铺面板结构（相关数据可参阅本章第五节平台部分）。

（二）基本组成构件

这两种构架形式具有同样的基本组成构件。

1. 铺面板

这是指供行人使用的最顶层的表面部分。它由托梁还是由梁直接支撑取决于所采用的结构形式。同时，铺面板材料允许达到的跨度决定了托梁之间的最大距离，而在梁板结构建筑中，它则决定了梁与梁之间的最大距离。

作为板面，铺面板在通常情况下是平铺的，但它也可以铺在边缘上作为镶边。

铺面板材料的正常厚度应大于25mm，厚度50mm的标定材料也是非常常用的。梁板构架形式通常需要

50mm厚的标定材料，或用更大的铺面板和更宽的支撑板来建造，这里的更大和更宽是相对于台式构架的材料来说的。

使用四方刨木支撑板时，应在板间留有3mm到6mm的间距，这往往比凹口的板更可取，因为它更有利于排水。

我们一般不赞成使用宽度大于150mm的铺面板，原因是它比较容易发生形变、扭曲。

木制铺面板的边缘应切去5mm～6.5mm。图1.10.1详细列出了多种铺板样式。

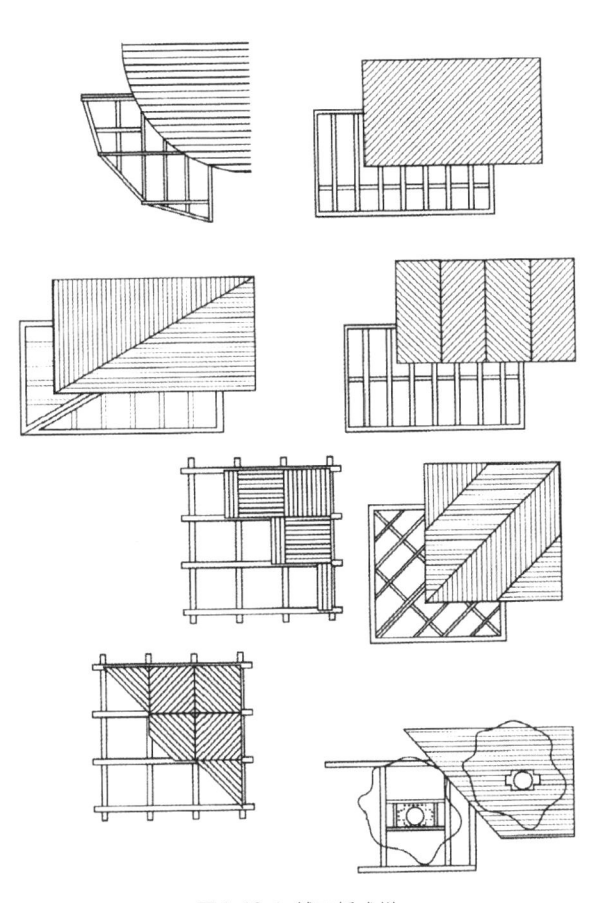

图1.10.1 铺面板式样

2. 托梁

托梁只适用于台式框架结构，它们的作用是为跨度较小的铺面板提供支撑，并且把它们所承担的荷载平均分配到较大的范围中去。这就是为什么需要把桁架排列得那么密集，托梁间距(400mm～600mm)那么小的原因。

当铆固托梁和梁的时候，特别是在用螺钉固定时必须非常小心谨慎，以防止最长剪切边上的构件挠曲变形，从而失去强度。

托梁必须经过定位调整以保证剖面的纵向轴线垂直(即狭窄尺寸向上)。

在理想情况下，托梁的每一端都应由梁、横木或金属扣钩来支撑，但是，对于只需要有较小承载能力的小型铺面板来说，有时直接用钉子固定在板面上也能够满足要求。

3. 梁

梁的用途是支撑托梁、铺面板和其他附加的非承重的构件物体的重量，如：花盆、坐椅、栏杆和台阶等等，并把这些荷载传递到柱子上或基础上(图1.10.2)。这个基础往往是由梁支撑的，梁间距由托梁或铺面板的跨距决定。一般情况下，在梁板式结构中，梁间距每段为1.80m～2.40m，而在台式结构中梁间距为2.40m～2.90m。

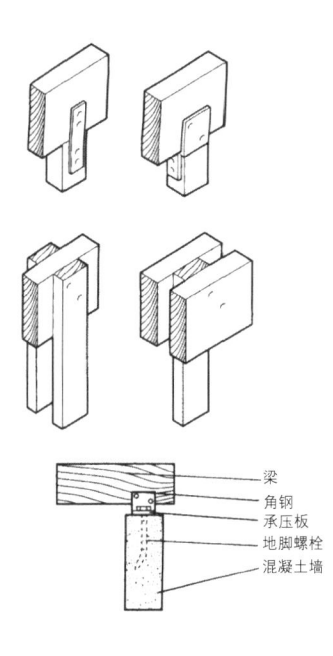

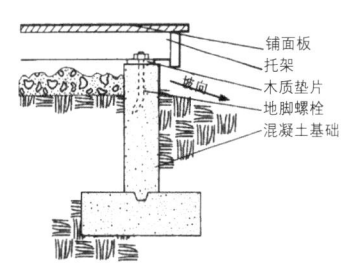

图1.10.2 梁与柱的搭接详图

几种常用类型的梁：
(1) 简支梁：梁的每一端都搭接在支撑物上。
(2) 悬臂梁：梁只有一端有支撑。
(3) 双侧悬臂梁：梁的两端均向外悬挑。
(4) 连续梁：搭接在三个或更多的支撑物上。
(5) 固定梁：梁的两端都固定在其他构件上。
梁应该适当布置以使其交叉剖面的纵向轴线保持竖直。

4．柱

柱承担着构筑物的全部重量，并把这些重量传递给柱基础（图1.10.3）。但是，如果它是一个与地面齐平的铺面人行道和栈道，那么就不需要用这些竖向构件承重，因为在这种情况下，梁或托梁可以直接搭接在基础上。

在设置柱子时，柱子的间距必须根据所支撑梁的允许跨距来定。方形交叉截面的木柱最不容易发生弯曲和扭转。

经延伸并穿过铺面人行道和木板步行道地板的柱子也可以起到栏杆的作用。按一定标准尺寸来制作柱子，以防止它弯曲变形或压坏失效。

除了必须承受极大荷载的情况，一般钢柱或泥瓦柱在使用前不需要经过承载强度的检测。

木柱露在外面的断头必须经过特殊处理，例如：切成角状，附加柱头或覆盖其他材料。这是为了减少水汽渗透量，以防止木柱丧失强度。

图1.10.3 柱与柱墩的搭接特点

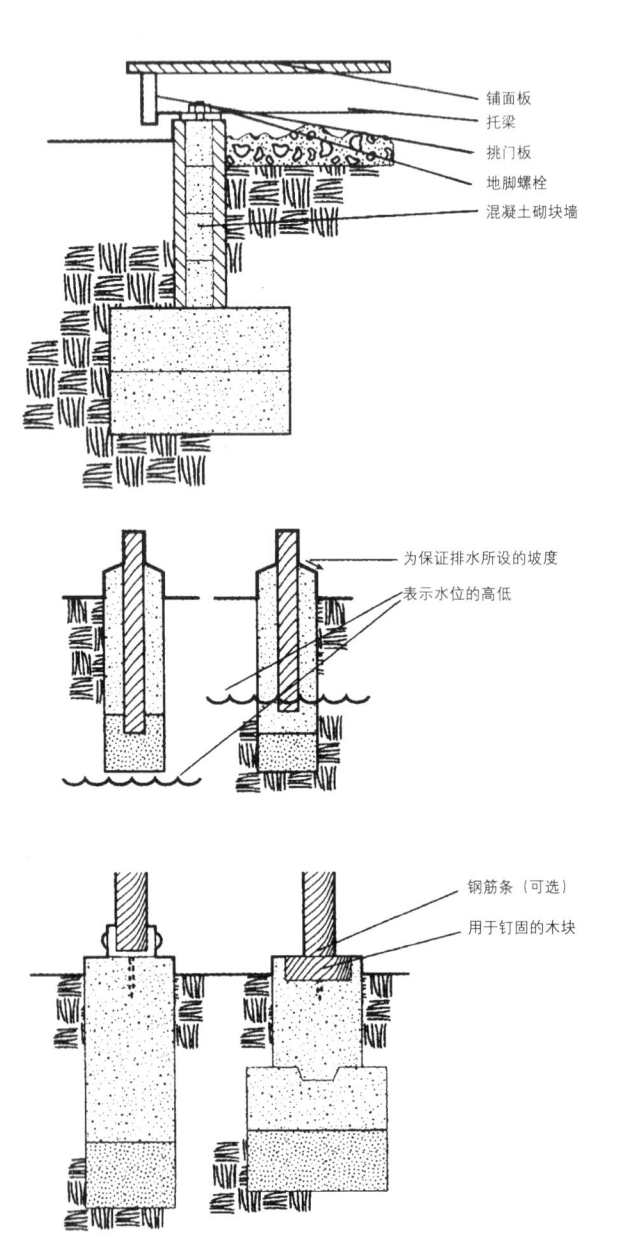

图1.10.4 基础和柱墩详图

5. 基础

基础是把铺面板或木板锚固在土壤中的承重构件，它同时承受自身重量和上部传来的荷载，基础必须延伸到冰冻线以下，以防止在热胀冷缩过程中给结构的整体性和支撑强度带来不良影响（图1.10.4）。但是，对于轻质构筑物来说则不必这样做。铺面板应该与一个稳固的构筑物相连接，这样也可以保证本身具有足够的稳定性。

在以下几种支墩型基础基地类型中，必须使用梁：广阔的粘土质基地、不稳定有沉降性的自然土壤和较大面积的人工填充地基。

基础尺寸取决于它所需承受的结构重量和建设基地的承载能力。

为了防止混凝土开裂失效（特别是在气候寒冷地区这种情况更容易发生），较大型的基础和支墩应加钢筋。

在潮湿的气候和干燥气候中所采用的基础类型和柱间搭接方式是不同的，因为在潮湿地区，其渗透情况比较严重，必须经过特殊处理。

应尽量减少基础受雨水冲刷的可能，也就是说必须尽量避免基础周围的土壤受到侵蚀、冲刷。

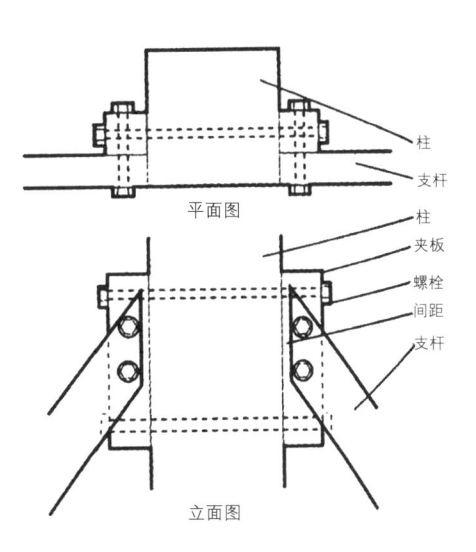

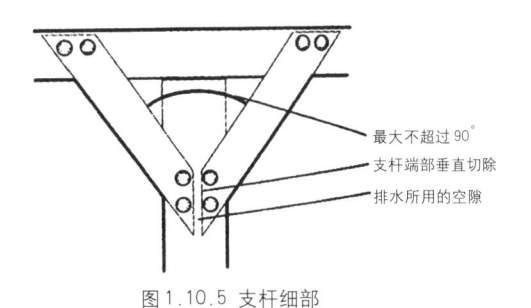

6. 支杆和挡板

这两种构件一般用于加强构筑物的稳定性，特别是在构筑物自承重时。支杆和挡板一般是通过限制构筑物在侧面上发生水平位移而起到稳定作用，而且应该在高度超过1500mm的所有竖向支撑构件和拐角处构件上进行加固处理（图1.10.5）。

挡板在台式构架中比在梁板构架中更为常用。对于大型铺面板构筑物来说，挡板不太重要，尤其是在使用了大跨度托梁的时候。使用支杆可以保证避免受水汽侵蚀的影响，并且能保证连接节点不会因过多的螺栓或钉子而失去效用。

考虑到美学上的因素，在使用连条或挡板的时候应该使它们的形式与整个设计协调一致，成为整体的一部分。

7. 台阶和栏杆

是否需要设置台阶或栏杆取决于构筑物的高度和它们所占用的空间，一个只用一级或两级台阶的、高度较低的铺面人行道是不需要加设栏杆的，但是如果考虑到老年人和行动上有障碍的人使用，则应该设置栏杆以保障他们的安全。

垂直高度的变化可以采用其他方法，例如采用阶梯状铺面板或坡道等等。

如图1.10.6所示，栈道可以沿着铺地的坡向趋势来建造，而较矮的铺面人行道则可以既不受制于台阶也不围以栏杆。台阶、坡道、栏杆和其他类似的构件可以使铺面人行路和木板路更具趣味性。

图1.10.5 支杆细部

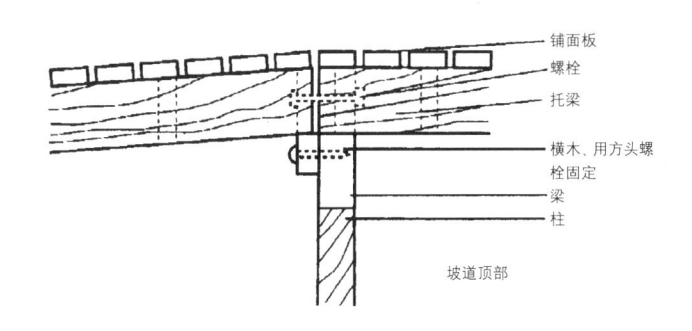

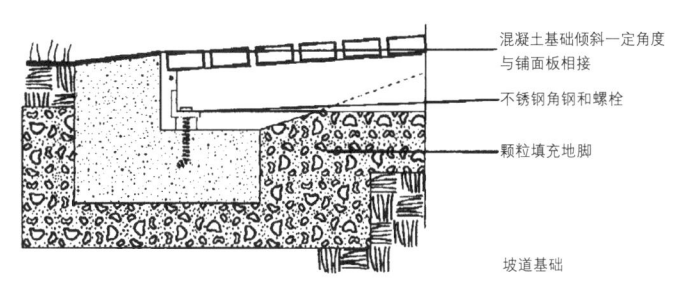

图1.10.6 坡道细部

我们常用纵梁和踏板来制造木质台阶。纵梁的尺寸可以是 50×250 或是 50×300，它连接在铺面路或稳固的基础上，这里的基础一般是指混凝土基础。两个纵梁可以支撑宽度为1100mm的普通级别木制踏板。在纵梁上刻上凹槽，可以固定踏板，也可用以连接防滑木。一般后者更为坚固一些。我们不建议仅使用钉子固定台阶。根据目前大量的实践经验来看，踢板和踏板之间的连接比其他室外台阶的连接更复杂一些。

在任何一个铺面板构筑物中都需要某种形式的保护性栅栏，这种栅栏一般建在至少高于地面400mm以上处，它不仅可以作为栏杆扶手的一种形式，也可以作为一个供人休息的长凳，或者同时兼有这两种职能。

栏杆的支撑柱应该固定，可以是竖直的，也可以倾斜一定角度。

但是，它们必须牢固地固定在构筑物的结构框架上，栏杆的高度应该满足人们身倚、手扶所需要的最小高度。支撑一个 50×100 的栏杆的支柱每段不应该大于 1800mm。

柱是构筑物的一部分，延伸并穿过铺面板或与梁连接。除非对中小型栏杆进行设计，否则我们往往使用扣钩而不是钉子来固定。

长凳可与栏杆结合在一起，这样就能够起到双重效用和额外功能。而且还可以在设计和建造过程中，把两者结合在一起考虑，这样能简化设计过程。支撑构件可以是木制的，用螺栓固定在托梁上，或是用金属板带连接在铺面人行道上。

从图1.10.7到图1.10.13是铺面板和栈道的细部详图与不同的构造方法。

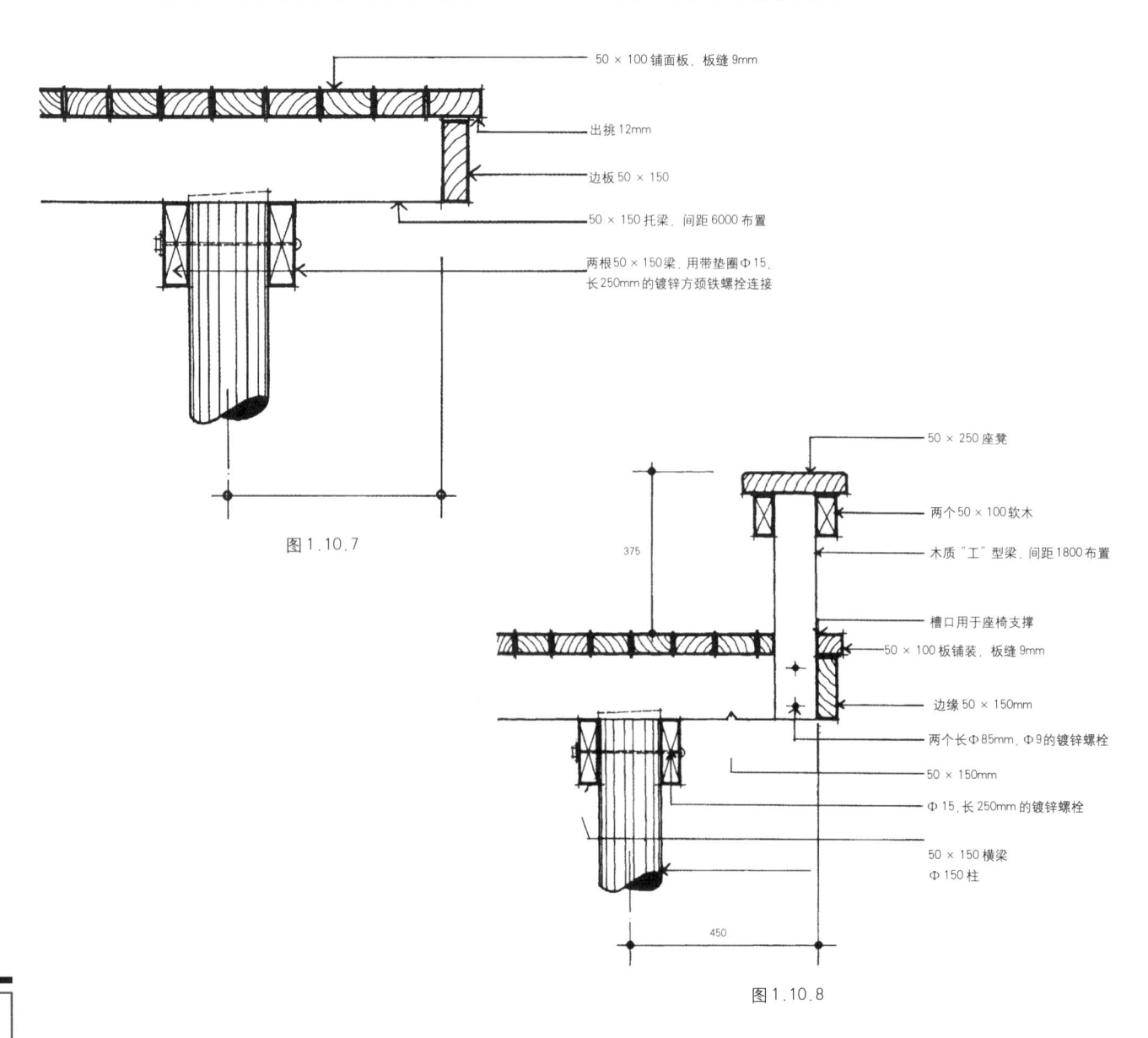

图 1.10.7

图 1.10.8

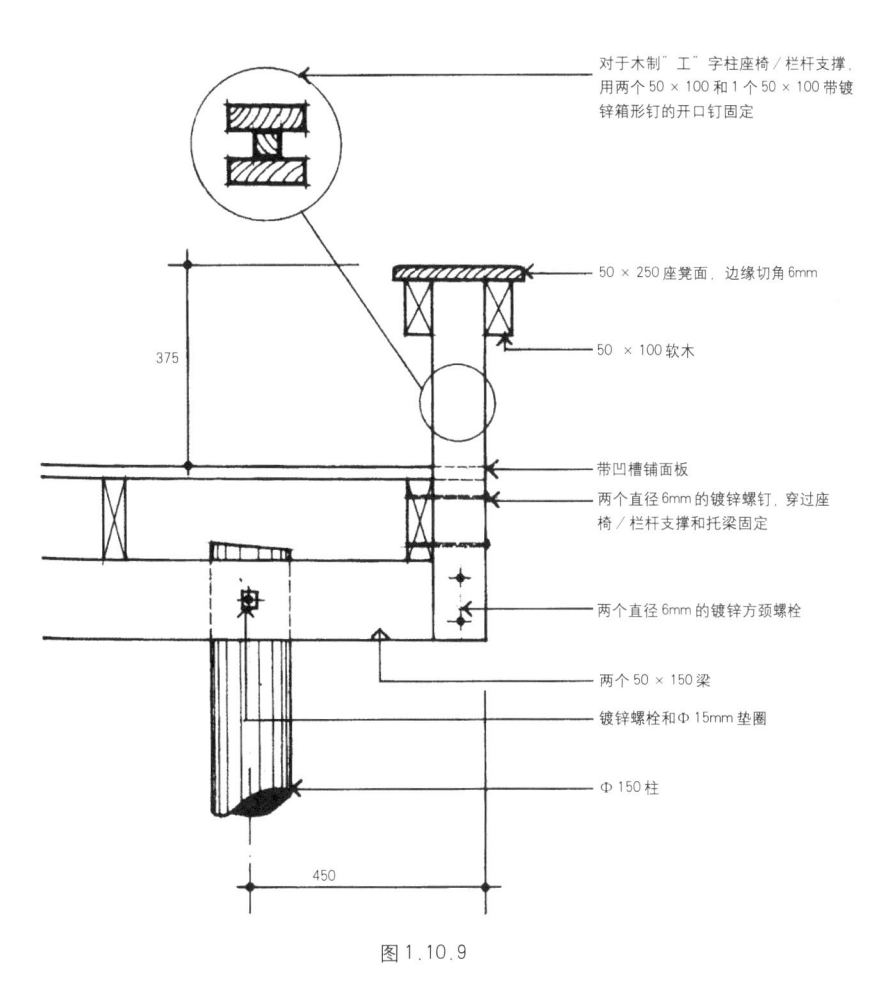

景观建构

对于木制"工"字柱座椅/栏杆支撑，用两个50×100和1个50×100带镀锌箱形钉的开口钉固定

50×250座凳面，边缘切角6mm

50×100软木

带凹槽铺面板

两个直径6mm的镀锌螺钉，穿过座椅/栏杆支撑和托梁固定

两个直径6mm的镀锌方颈螺栓

两个50×150梁

镀锌螺栓和Φ15mm垫圈

Φ150柱

图1.10.9

50×100
50×50

顶边圆角处理

50×100

50×10板嵌入

50×100板，嵌入并用铜制沉头螺钉加固

50×100板嵌入

凹槽板铺装

两个三角垫木

5个Φ6镀锌螺栓

两个50×150横梁

Φ150柱

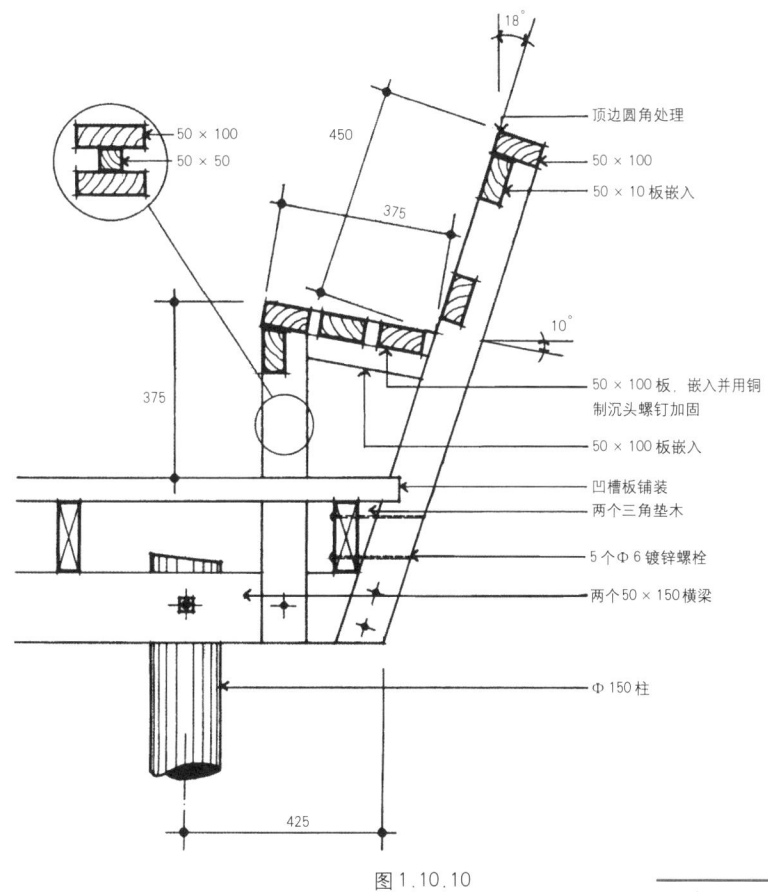

图1.10.10

第一章 城市空间元素的设计与作法

45

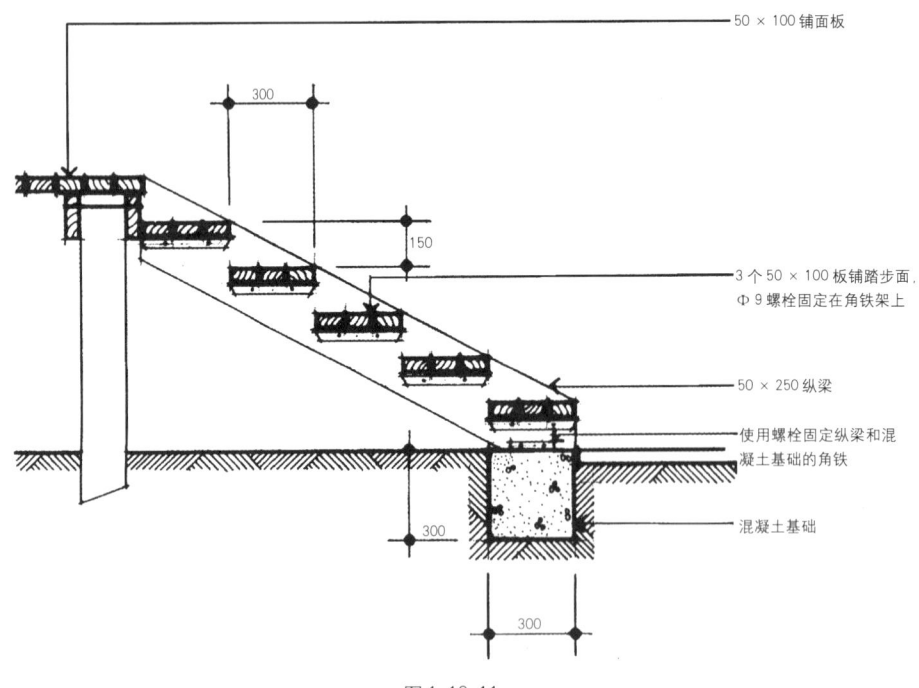

图 1.10.11

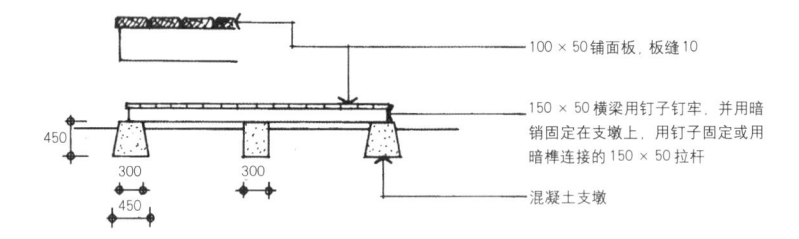

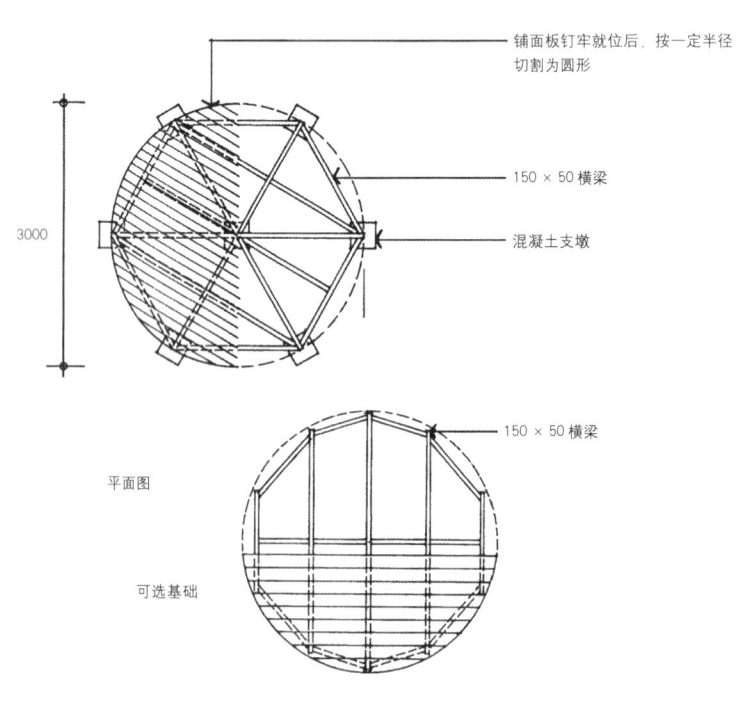

图 1.10.12

平面图

可选基础

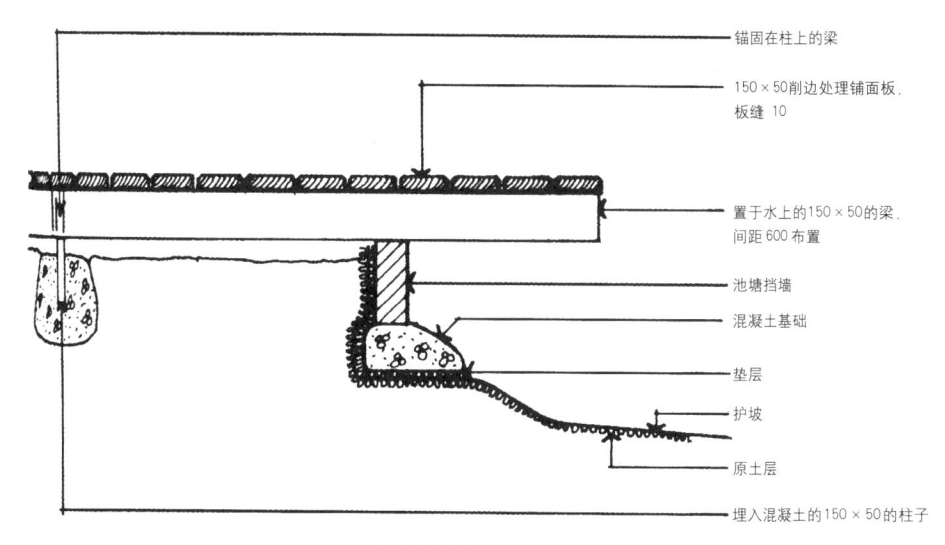

图示标注：
- 锚固在柱上的梁
- 150×50削边处理铺面板，板缝 10
- 置于水上的150×50的梁，间距600布置
- 池塘挡墙
- 混凝土基础
- 垫层
- 护坡
- 原土层
- 埋入混凝土的150×50的柱子

图 1.10.13

三、施工

钉子的尺寸、形状和表面处理都会影响它的承载力，一般情况下钉子的长度应该是钉板厚的2.5倍。热浸电镀锌钉、涂锌钉、水泥涂层钉、螺旋形钉可以防脱落。

铝钉、不锈钢钉和电镀锌钉都具有防锈蚀的能力，因此它们也可以防止木材被锈迹玷污。

木螺丝钉通常用于木铺面人行道和木板路结构中。螺丝钉应该有足够的长度，以保证它的钉身能有一半以上嵌入基础中以保持稳定性。

螺栓是铺面板和栈道结构中连接金属构件最牢固的道具。螺栓必须有足够的长度，以使垫片可以在螺母和钉帽下，而且保证在嵌入螺母后螺栓至少有5mm剩余。承重螺栓往往与金属横木一起使用，横木上方形的洞用以防止螺栓被再紧固时旋转弯曲。

作业训练

（一）设计要求

1. 设计一处自然或人工水池。池壁有一定坡度，水池最底处距水面高度不超过1.5m，池边有水生植物。

2. 沿地四周设计环池栈道，采用木构造建造，栈道宽度自定，动荷载为4900kg。

3. 根据现场情况，可增设池中观景休息木作平台，有少量休息设施。

（二）作业要求

1. 综合考虑环境条件，提出栈道和平台选址方案。

2. 绘制栈道和平台平面布局方案，确定支柱桩基形式。

3. 制作方案的平、立、剖面图。

4. 制作施工图，完成剖面图（比例:1:50），细部构造图（比例:1:20），节点大样（比例:1:10）。

第二章
城市家具的设计与作法

第一节 休憩——椅子、凳子和桌椅组

一、设计

桌椅在家具中是一种与人体最密切的设备,提供给使用者适宜稳固的休憩处,并配合其他设施与活动引发的需求,如谈天、等候、观赏、用餐……另一方面,都市街道家具桌椅可作为一种都市设计的元素,可以提供空间界定、转换、点景,甚至触发活动的积极功用。而活动的规模与密度,对于桌椅设置的领域界定及私密性要求,具有决定性的影响。

在各种城市家具中坐椅和长凳的使用最为广泛。我们在设计中很自然地就会想到行人在散步后需要一个休息的地方,所以往往将这两种休息用具与日常生活结合起来。工作地点、购物商场或当地消遣娱乐场所都应该设置坐椅或长凳,这是人们的需要。

坐椅和长凳设计尺度的把握是十分重要的,而且材料的选用应与周围环境相协调。如果坐椅和长凳需设置在较小的空间内,那它们的简洁性就很重要,在这种情况下给坐椅设置过度的装饰或复杂的细部以引起人们注意的方法很不适宜。在视觉感受上,人们往往比较喜欢无靠背的长椅设计,因为这种坐椅在周围环境中不突兀显眼,但设置在公共场所的坐椅则必须考虑到老年人和其他需要扶手和靠背的使用者的需求。坐椅作为设计中的一个元素,它需要一个合适的环境,这个环境往往是由植被、墙或树组成。而且坐椅应该与环境中的其他物品相结合,无论它们建造在什么地方,都应该与其他的街道用具相协调。另一个需要关注的是几乎所有的坐椅都缺乏足够的舒适性。关于舒适性的一个最基本要求是:坐椅的高度应该比较合适,使人脚能够自然地放在地面上,而且不会压到腿。通常情况下做到这一点是完全可能的,但是由于人体尺度因人而异,所以有些时候,坐椅的高度比人腿长更高;而另一些情况下,例如对一个高个儿的人来说它却显得太矮了。在设计时也应该考虑到椅子

的深度，以确保它不会使膝盖以下的腿受压。

基本需求

设计桌椅在人体工程学上主要应考虑下列八项：椅面形式、椅面高度、椅面深度与宽度、靠背、扶手、搁脚空间、桌与椅的配合以及桌椅摆设位置。

桌椅设置位置的选择，在物理环境上(如日晒、风向、排水及使用时段等)，通常无法周详统筹考虑。日照方面应考虑坐向与遮阴；风向方面则须注意风力与通风状况；排水方面在衔接路径及设置区周围铺面方面都应妥善处理。另外桌椅与垃圾桶摆设过近，在视觉上不舒服、在使用上也不清洁。

优质的桌椅街道家具的桌椅本体的设计固然重要，桌椅位置如何适当配置更是重要。有些都市街道坐椅或公园、校园内的桌椅，经常设置在即使坐着仍会令人心神不安的地方，因为设置者没有充分了解与考虑使用桌椅者的环境心理状态。

二、构造

长凳和坐椅的高度大约为425mm～450mm。长凳的高度是有一定限制的，他们往往对中等身材的人来说比较合适；长凳的宽度和长度可以有多种变化，因为底部框架能提供必要的支撑。坐椅的顶部可以用板或胶合板制造，也可以用其他嵌板的余料来做。当顶部是胶合板或其他类似材料时，可以在支撑物之间设置横撑以保证刚度和耐久性。X形支架是一种目前比较常用的设计方案，它可以在交叉点处设置链杆，或者在支柱间用隔断和横撑，或者用两个叠加的交叉点，就会更坚固。

坐椅的基本材料是木材和金属。虽然也使用砖、石和石瓦，但是它们使用频率大大低于前两种材料。同时，设计方案的风格是温暖而结实的还是轻巧而优雅的，也将会决定采用何种材料。

石质坐椅和长凳(或混凝土制的)可以固定在地面和墙上，因为它们的重量很大且不易移动。我们很容易把它们切割成板或直接轧制成弯曲长凳。

在所有材料中，木材是被最广泛应用的，而在所有的木材中，柚木木材是耐久性最好，且是抵抗气候影响能力最强的材料。

柳条编织的坐椅是另一种坐椅形式，它不能抵抗外界气候的影响，看起来像用于温室和凉棚中的用具，而且它也不能用于长期保持温暖干燥的气候环境下。

精铁和铸铁都可以用于制造坐椅和长凳，特别是在既需要轻巧结构又需要一定强度的时候。坐椅的条板一般是木制的，而支撑框架是金属的，在金属表面上涂上瓷釉或塑料涂层。也可以使用外面涂油漆的铸造铜或铝合金框架，它们也可以提供足够大的支撑力。在广场或码头等场所中，一般禁止使用铝质坐椅，因为它被锈蚀的可能性很大，危险性也比较大。

桌子结构应简单，而且要坚固耐用，用做餐桌时更应如此。在这一领域，使用功能明确限定了桌子的比例与尺度。桌子的高度必须保证坐人的舒适性，桌子的间隙尺寸应该给每一个人都留有一肘的空间。方桌四边的最小尺寸为800mm。如果桌子是圆形的，且供四个人使用，那么它的直径应该是900mm，供六人使用的桌子的直径一般是1200mm。供八个人使用的长方形桌子的尺寸大约为900mm × 2000mm。确定桌子尺寸的一般标准是给每个使用者提供大约600mm的边长。

桌面下构架的所有平面尺寸都应该比桌面小100mm。桌面可用实木、胶合板制成，也可用以胶合板为芯的其他材料，或者像密度板、胶接板这样的材料。图2.1.1a、图2.1.1b说明了装配各种桌子顶板的方法。实木板的固定可以在两端连接或中间搭接，也可以直接钉在桌子构架上或用螺栓预先装配好，也可以用角钢包在桌子边缘作为保护。

1. 椅凳：按制造材质分类为石材、木材、金属、混凝土等坐椅、凳，具体做法见图2.1.2a～图2.1.2k。

2. 成组桌椅：桌与椅的基本组配方式，其做法见图2.1.3。

平面图

- 40×40板条
- 板条角部与中间均加垫20×40×80垫块，加胶并钉固在板条上
- 板条角部均切斜角将板条钉在位于构件中心20×80的横木上
- 将横木钉于墙顶
- 镶边40×60

剖面图

- 40×40板条
- 45°切角加胶钉固定在板条上
- 20×80横木
- 混凝土基础

图 2.1.1a

平面图

- 顶部，4个方向有小坡降
- 特殊铺地方向
- 斜边砖，周边布置

剖面图

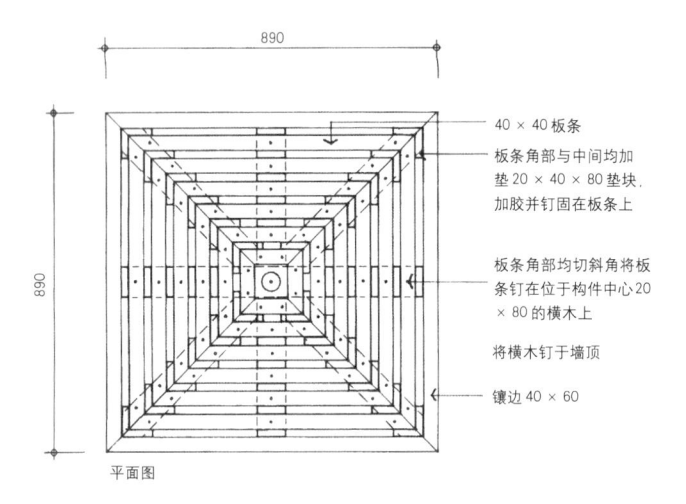

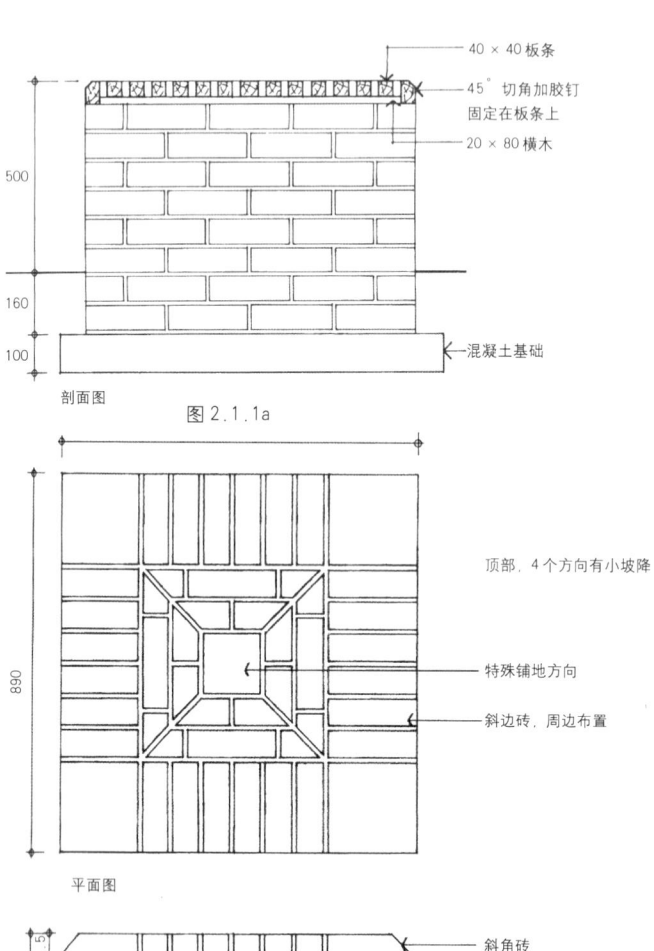

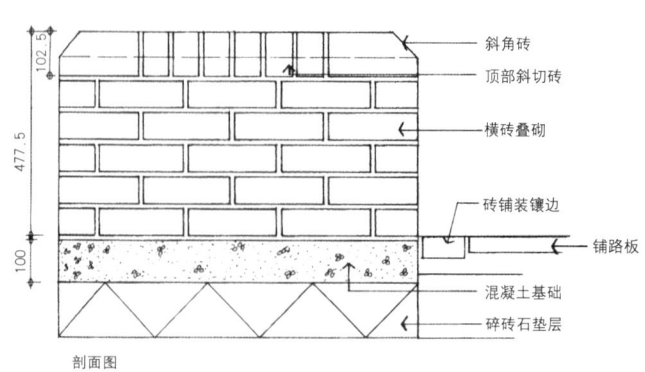

- 斜角砖
- 顶部斜切砖
- 横砖叠砌
- 砖铺装镶边
- 铺路板
- 混凝土基础
- 碎砖石垫层

图 2.1.1b

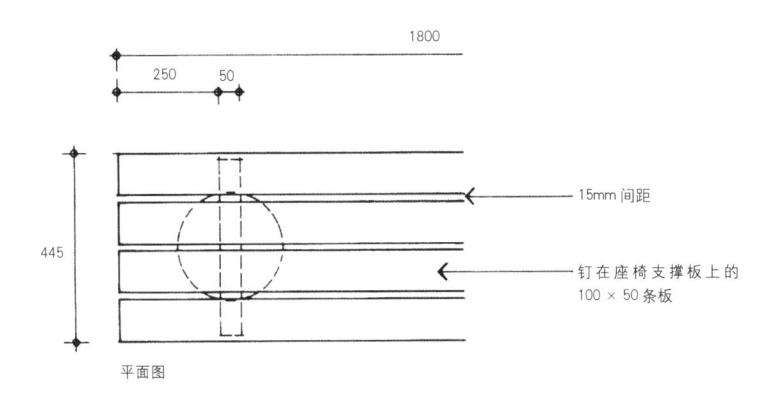

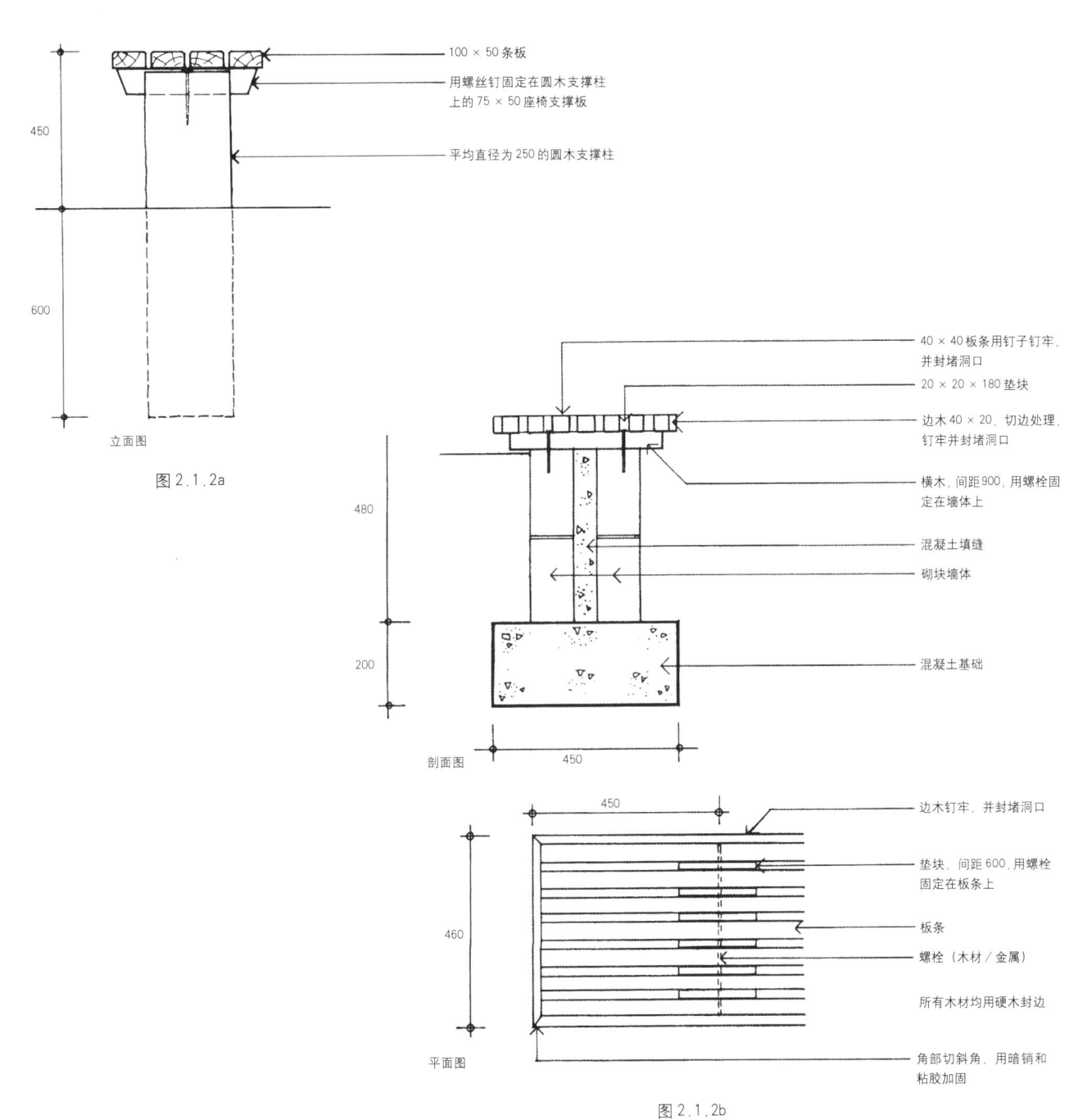

景观建构

第二章 城市家具的设计与作法

1800
250 50

445

15mm 间距

钉在座椅支撑板上的 100×50 条板

平面图

100×50 条板

用螺丝钉固定在圆木支撑柱上的 75×50 座椅支撑板

平均直径为 250 的圆木支撑柱

450

600

立面图

图 2.1.2a

40×40 板条用钉子钉牢，并封堵洞口

20×20×180 垫块

边木 40×20，切边处理，钉牢并封堵洞口

横木，间距 900，用螺栓固定在墙体上

混凝土填缝

砌块墙体

480

200

混凝土基础

剖面图 450

450

边木钉牢，并封堵洞口

垫块，间距 600，用螺栓固定在板条上

板条

460

螺栓（木材/金属）

所有木材均用硬木封边

角部切斜角，用暗销和粘胶加固

平面图

图 2.1.2b

51

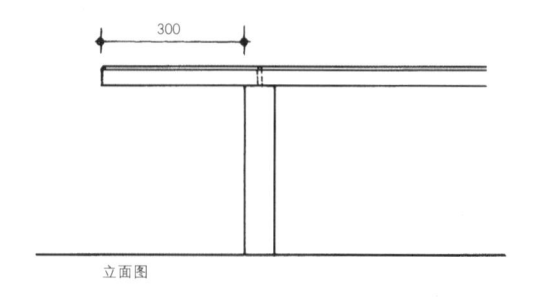

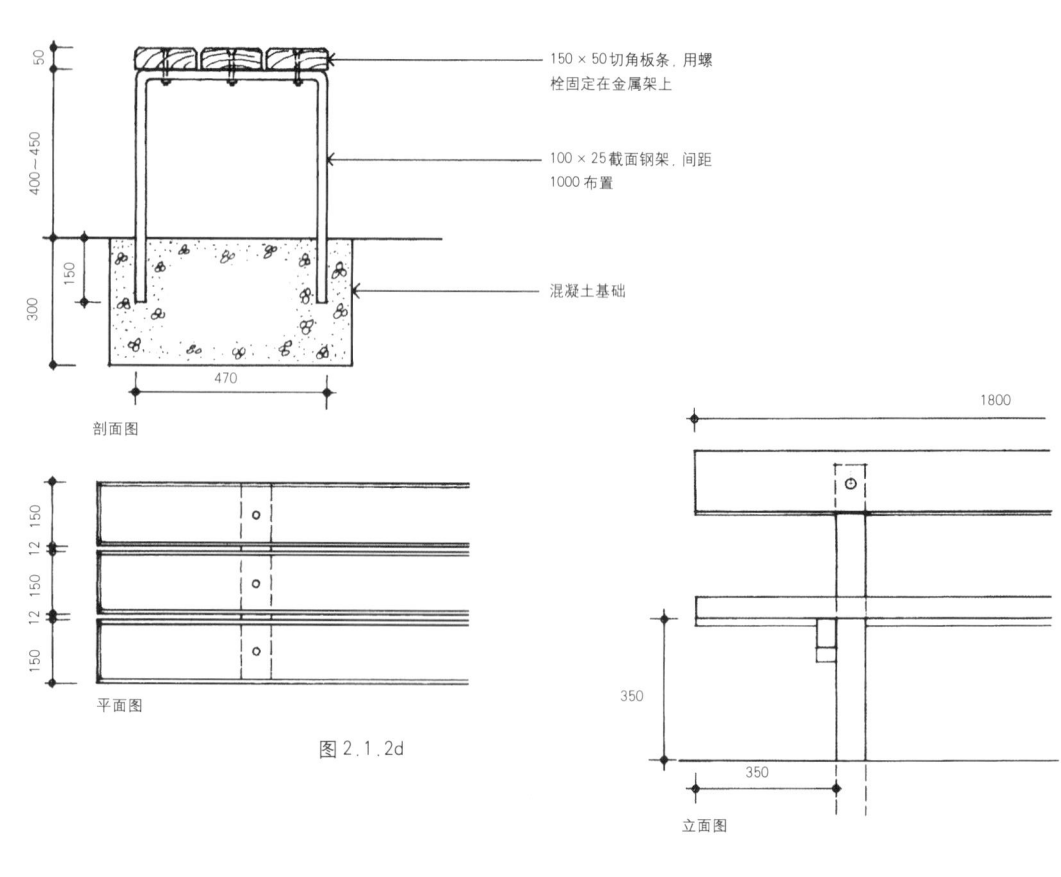

立面图

150×50切角板条,用螺栓固定在金属架上

100×25截面钢架,间距1000布置

混凝土基础

剖面图

平面图

图 2.1.2d

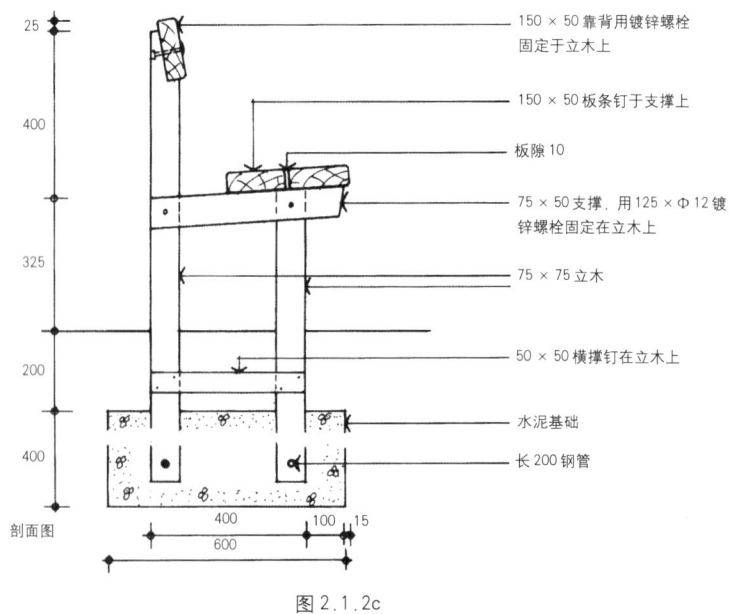

立面图

150×50靠背用镀锌螺栓固定于立木上

150×50板条钉于支撑上

板隙10

75×50支撑,用125×Φ12镀锌螺栓固定在立木上

75×75立木

50×50横撑钉在立木上

水泥基础

长200钢管

剖面图

图 2.1.2c

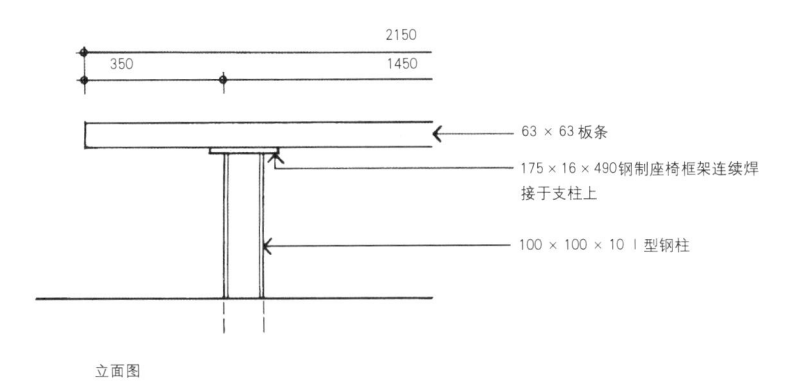

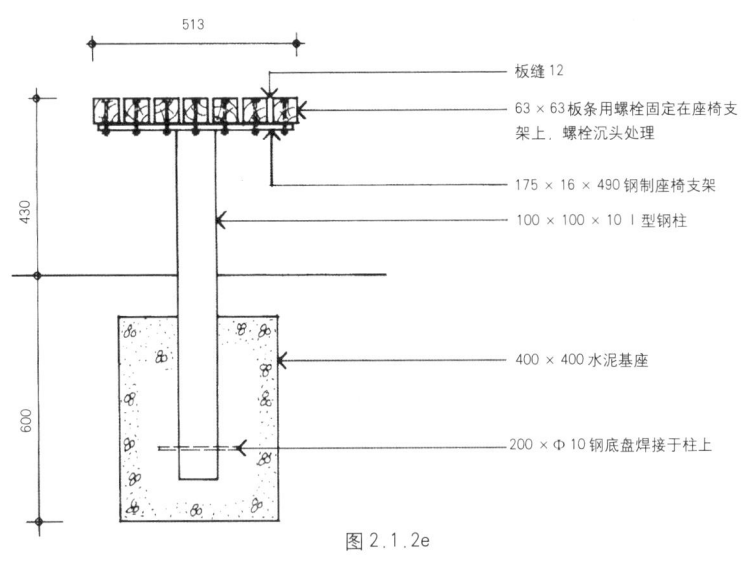

立面图

图 2.1.2e

- 63×63板条
- 175×16×490钢制座椅框架连续焊接于支柱上
- 100×100×10 I型钢柱
- 板缝12
- 63×63板条用螺栓固定在座椅支架上,螺栓沉头处理
- 175×16×490钢制座椅支架
- 100×100×10 I型钢柱
- 400×400水泥基座
- 200×Φ10钢底盘焊接于柱上

正立面

- 200×75栏板
- 150×100柱
- 150×75条板
- 150×100支架
- 混凝土基础300×450×500
- 硬底层

背立面

- 板条
- 将栏板用Φ165螺栓固定在立柱上,作沉头处理并封堵洞口
- 立柱

侧立面

将栏板和板条粘接并用150mm方头螺钉固定,沉头处理并封孔洞

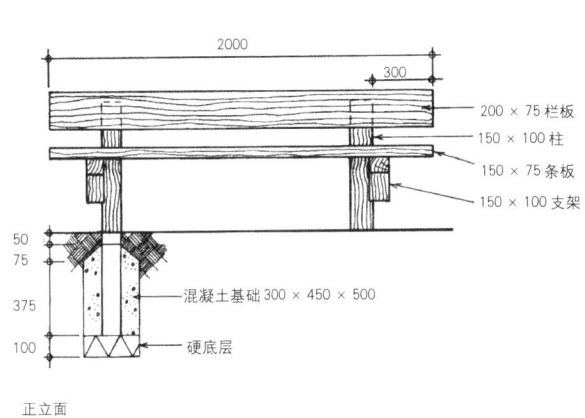

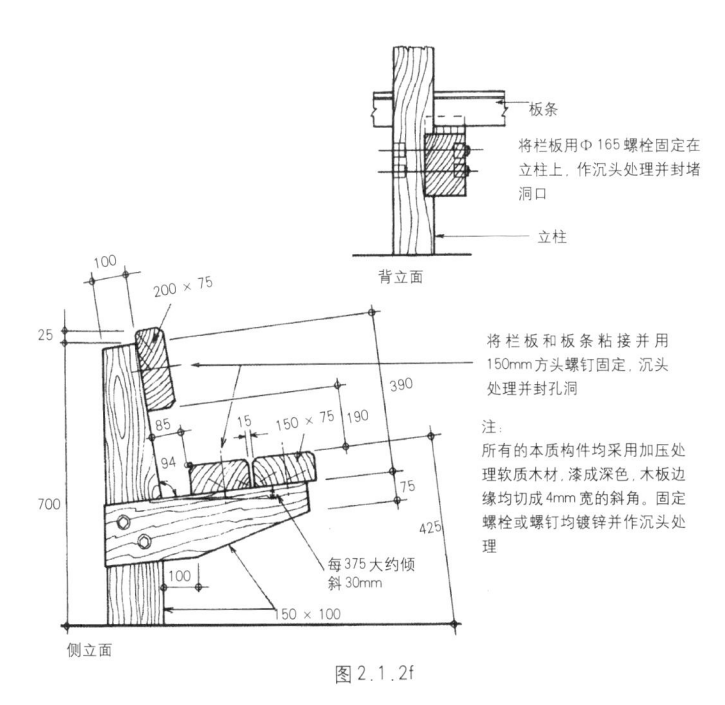

注:
所有的本质构件均采用加压处理软质木材,漆成深色,木板边缘均切成4mm宽的斜角。固定螺栓或螺钉均镀锌并作沉头处理

每375大约倾斜30mm

图 2.1.2f

图 2.1.2g

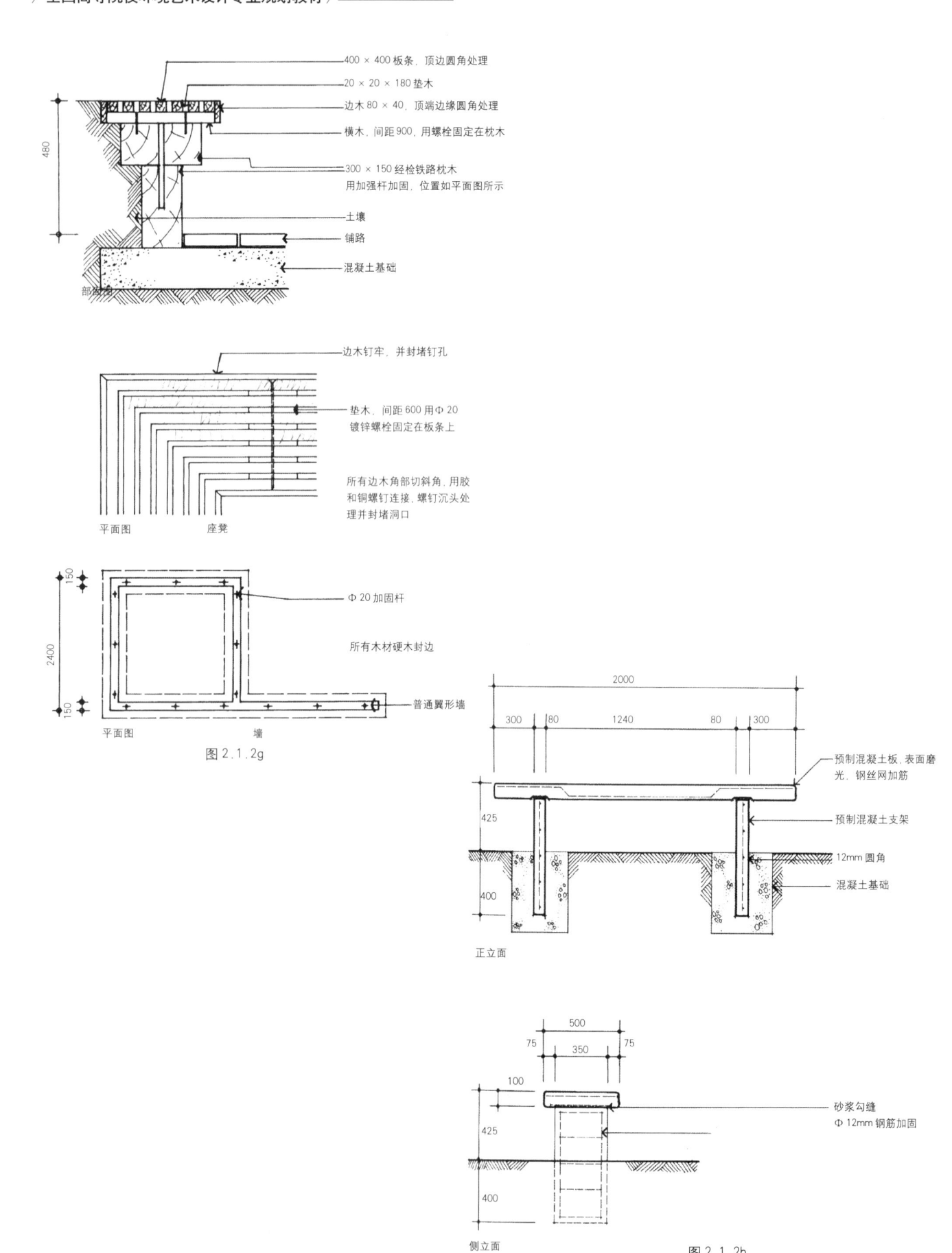

图 2.1.2h

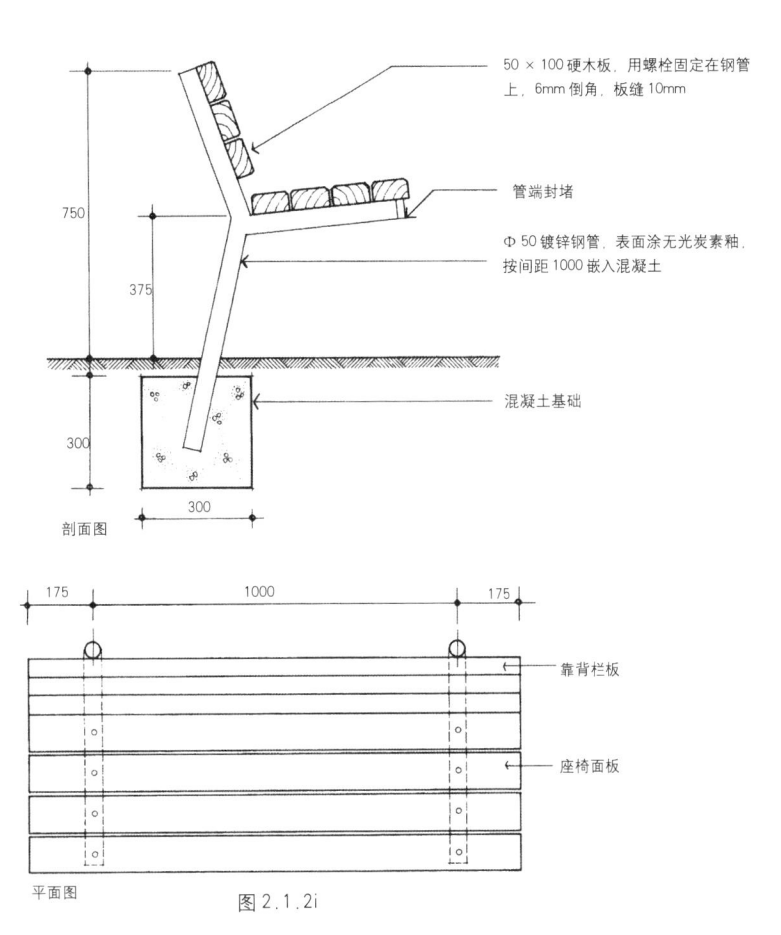

50×100硬木板，用螺栓固定在钢管上，6mm倒角，板缝10mm

管端封堵

Φ50镀锌钢管，表面涂无光炭素釉，按间距1000嵌入混凝土

混凝土基础

剖面图

靠背栏板

座椅面板

平面图

图 2.1.2i

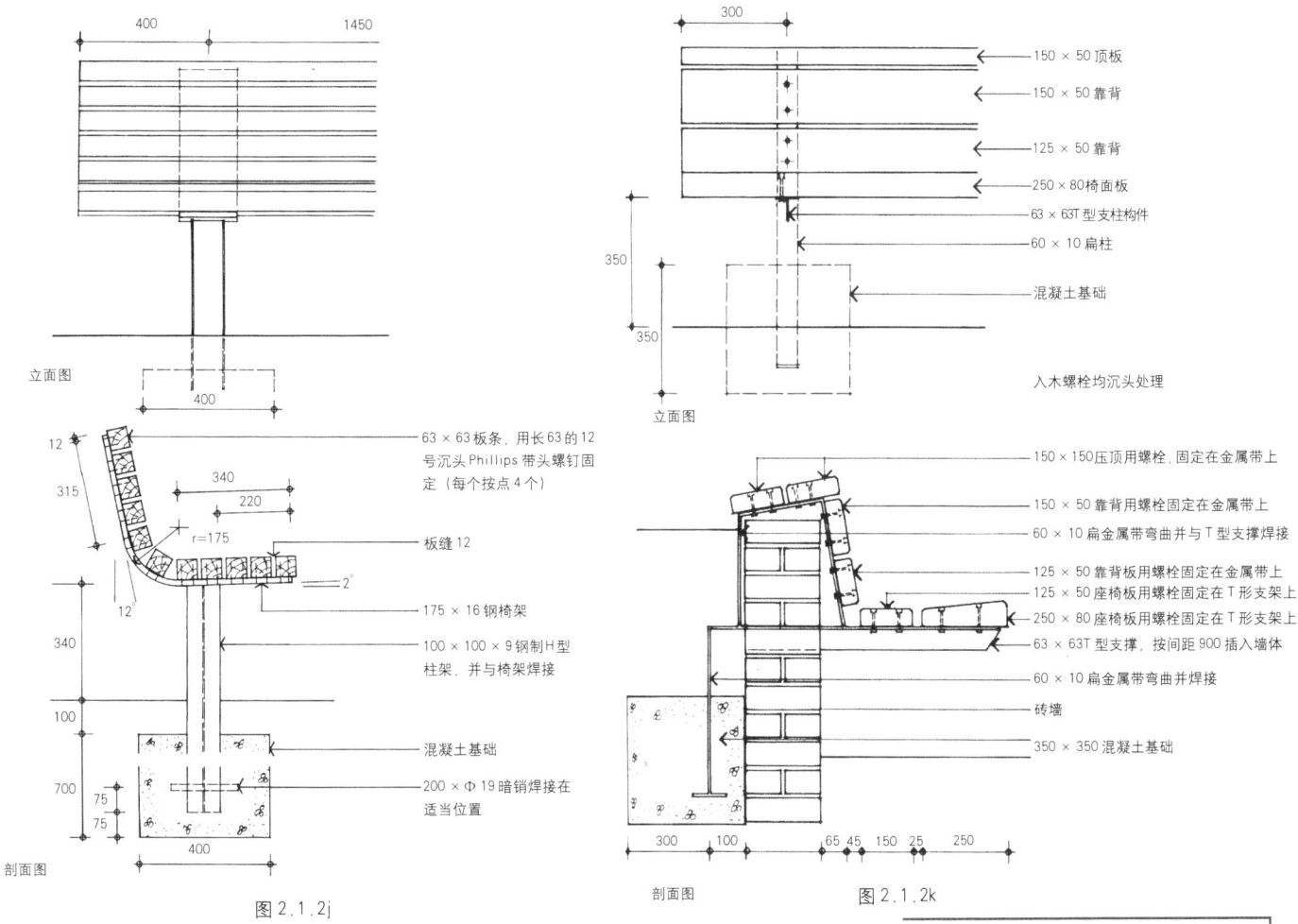

立面图

剖面图

63×63板条，用长63的12号沉头Phillips带头螺钉固定（每个按点4个）

板缝12

175×16钢椅架

100×100×9钢制H型柱架，并与椅架焊接

混凝土基础

200×Φ19暗销焊接在适当位置

图 2.1.2j

150×50顶板

150×50靠背

125×50靠背

250×80椅面板

63×63T型支柱构件

60×10扁柱

混凝土基础

入木螺栓均沉头处理

立面图

150×150压顶用螺栓，固定在金属带上

150×50靠背用螺栓固定在金属带上

60×10扁金属带弯曲并与T型支撑焊接

125×50靠背板用螺栓固定在金属带上

125×50座椅板用螺栓固定在T形支架上

250×80座椅板用螺栓固定在T形支架上

63×63T型支撑，按间距900插入墙体

60×10扁金属带弯曲并焊接

砖墙

350×350混凝土基础

剖面图

图 2.1.2k

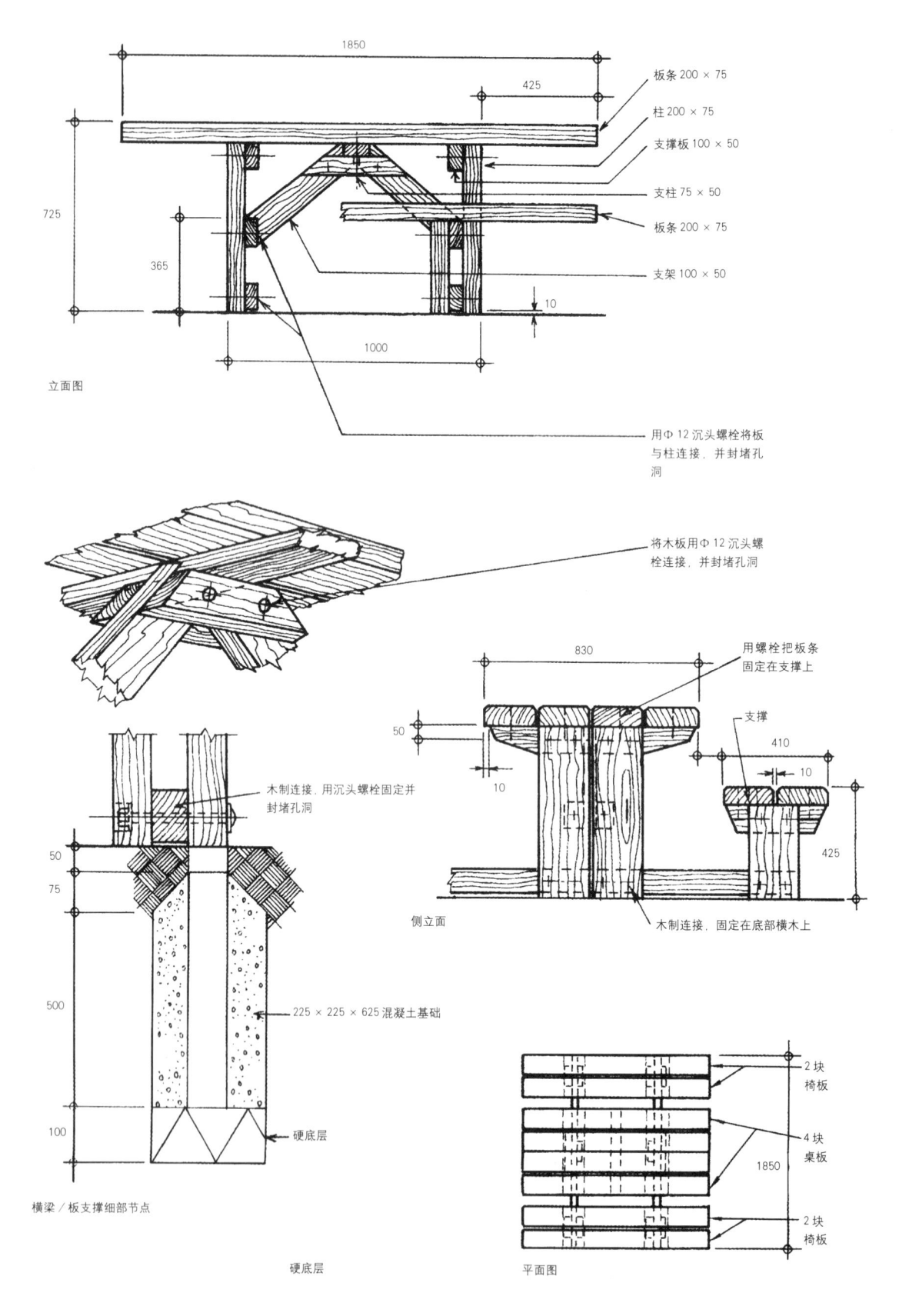

图 2.1.3

三、施工

目前,施工中必须考虑到公共场所坐椅和长凳的安全性,以防止它们被盗或损坏,应该把它们牢固地安装在地面或墙上。

对于那些外露的金属和木作部件,在施工中应对所有的钢制螺栓和杆件都通过镀锌处理,所有的软木也需要经过防腐处理,所使用的防腐涂层最好是不会污染环境且不易锈蚀的化学制品,同样的施工处理方法也适用于木材的防玷污问题。

思考题

1. 设计桌椅时,在人体工程学方面主要考虑哪些因素?
2. 选址对桌椅的设计相当重要,除了注重桌椅本体的设计以外,还得考虑所处场所的哪些物理环境因素和使用者的环境心理状态?
3. 在广场和码头等场所中,适宜选择哪些材质和构造的桌椅?

第二节 照明——照明装置与设施

一、设计

高速路、体育场和停车场等大型公共空间的照明使用设备的标准高度为18m~30m,而且要求基部埋入较深以承受横向的风压和重量。灯的亮度要强且需要特殊灯罩来减少侧面眩光和将光线聚焦在活动地或主题区域内。高灯在低矮处要有维修装置。

而位于居住区街道、城市步行街等区域的中型照明设备(包括特殊的建筑照明装置)的标准高度为6m~9m。灯光分布要连贯一致,使人能安全和清晰地识别方向。

另外,中小型照明高度为3m~4.5m,这包括连续不断的行人照明、聚焦点照明和景观照明。设备的设计和产品的选择很广,因此照明形式也有很大的变化。小型或矮灯推荐使用低瓦数和太阳能电源。

所有景观要求有室外照明来为人们夜间活动提供功能。室外照明的目的包括:(1)增强重要节点、标志物、交通路线和活动区的可辨性;(2)为使行人和车辆能安全行走,提高环境的安全性和降低潜在的人身伤害及人为财产破坏;(3)通过强光照射使重要景点显露出来有助于场地的夜间使用。

照明设备的单元设计也可参考照明指标(照度、辉度、均齐度、眩光指数)来决定,以符合基本照明需求,避免伤眼。造型设计部分要配合四周环境,以适当的材质、颜色、造型来决定灯架与灯具,避免突兀。其中常见的问题便是与四周景观设施各成系统,造型紊乱。多样的照明单元设计已经成为城市街道家具规划设计的一个重点。

近来环保意识加强,除了以管理的方式改变掌控电源开关的时间,以节省能源为目的的应用技术也取得进步,使得太阳能的利用进入了实用而普及的阶段。太阳能具有取之不尽、用之不竭的特性,通常,照明设备大都置于户外,拥有良好的日照环境,尤其在阳光充足地区,更适合运用太阳能,还可以利用白天储蓄的电力,供应晚间使用。此项技术可大力推广在位于郊区的公共空间中,可减少传统远距离传送电力所需的设备成本及耗损。

二、构造

(一) 安装在灯杆上的照明装置

这是从公路和人行道的路灯借鉴来的。它的灯光对水平照明范围是有用的。这种照明装置内的格栅或屏蔽,可在一个特定方向上集中成一道光束。双灯头的照明装置在有双重目的照明中使用。例如,有大量群众聚集的广场上满布的灯光,或形成休闲场合的情景等。乳白色及透明的灯罩,在白天和夜晚都具有装饰性能,而多灯头则形成树枝型吊灯的效果。

(二) 安装在墙上的照明装置

这些装置与安装在灯杆上的设备相似。但在墙上安装灯具需要有一个可调的支架,支架可固定在墙面上,也可固定在墙角上。从墙上反映光线有它的好处,它经常能将树木的姿态呈现出来。应用透明玻璃圆球灯罩还有使光线向上照射的效果,在树木的掩映下会显得相当诱人。屏蔽和格栅可做成适于照明的要求,所以灯光可聚焦向下、向上或者倾斜。

(三) 庭园矮柱灯、蘑菇灯及镶嵌灯

低矮的灯光设备在广场或庭园中被广泛使用,并具有可使地坪和台阶增加亮度的优点,而无须再设置泛光灯和采用纯实用性的安装在灯杆上的灯光。庭园矮柱灯由于它构造坚固,能保护光源,特别有用。镶嵌灯适于高标准的水平面照明,这些照明在交通区和

人行区很有用。在广场或庭园照明中也可用这种灯光设置于道路、台阶以及相邻种植区的分界处，作为一种标志灯光。

照明设施依其置放地点、机能、个体设计，也可分为庭园灯、路灯及造型灯三大项。图2.2.1～图2.2.4描绘了室外照明常用的灯光装置的几种构造详图。

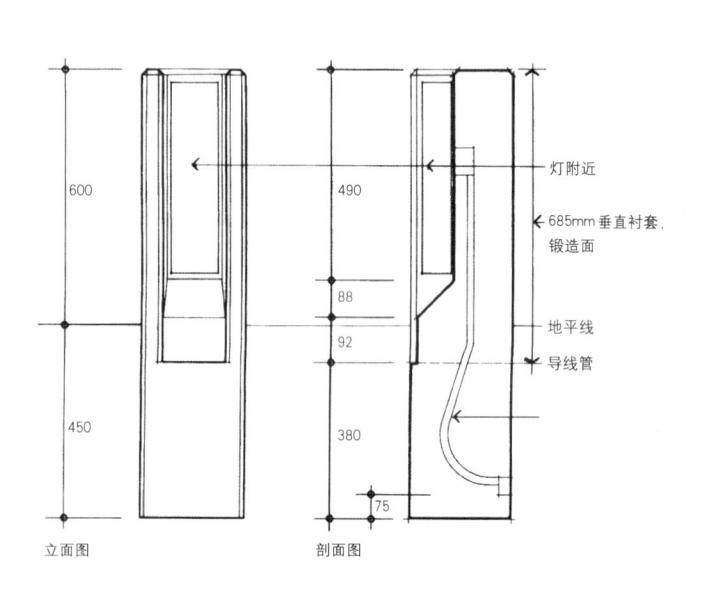

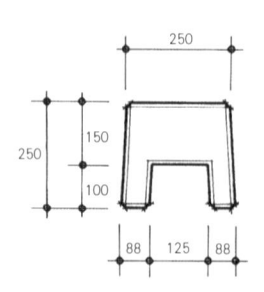

图 2.2.1

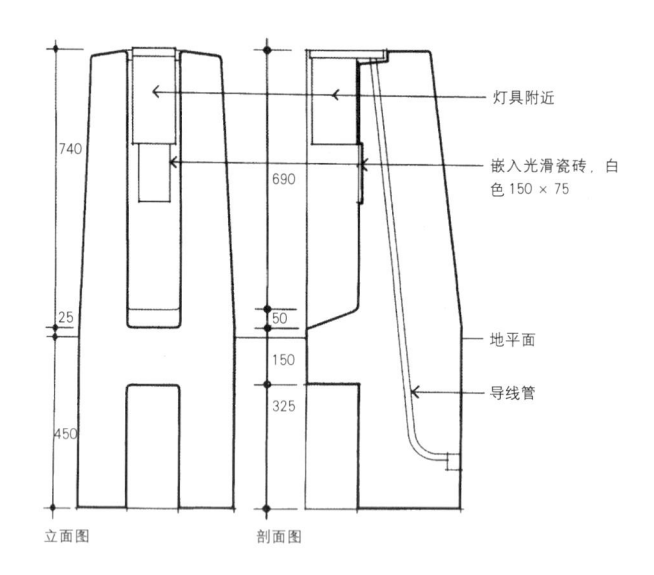

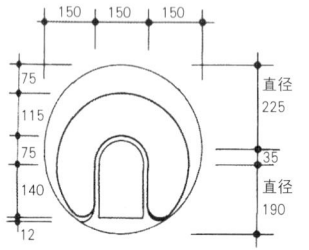

图 2.2.2

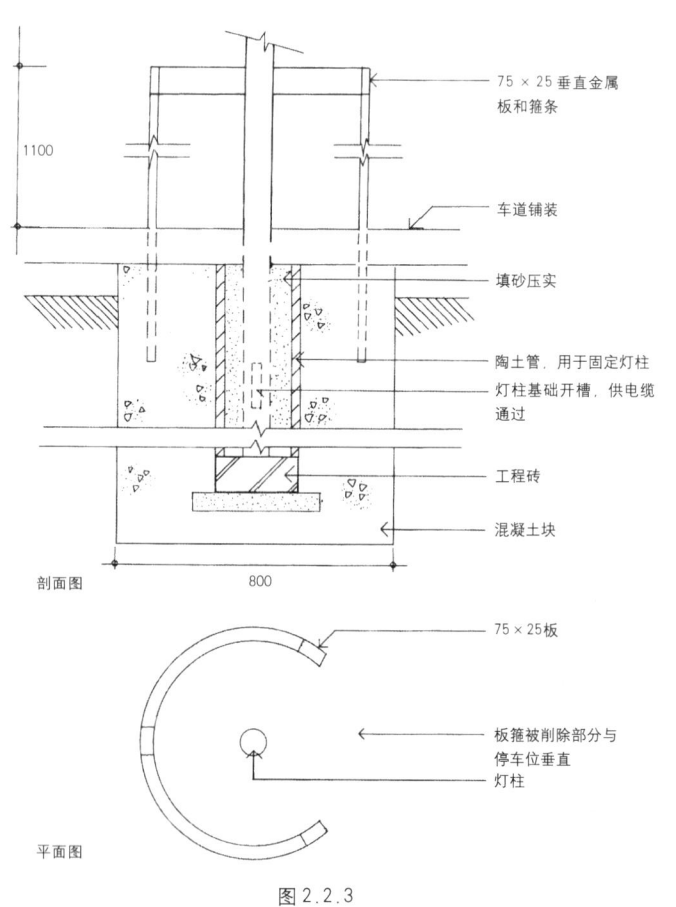

图 2.2.3

第三节 讯息——标志牌和信息板

一、设计

"讯息"指景观设施中的提供通讯服务(如电话亭、网路终端机……)和本身直接提供信息内容(如指标、路标、告示牌、广告牌、旗帜……)两大类设施。前者可突破时空的限制，取得远方的信息，对外出者有极大帮助；后者则为静态的单向传播，以达到解说、告示或意象营造的目的，本小节讲解的对象主要是后者中的标志牌和信息板。

设计标志牌和信息板应该保证具有以下几个特点：

(1) 瞬间识别性能给予明确信息；
(2) 统一的外观；
(3) 运用一致的符号、颜色和印刷格式；
(4) 标准规格的支撑结构；
(5) 统一的位置；
(6) 易识别性和"具有保留价值"的信息。

无论标志牌的尺度还是材料都应该与所在地点相适应，这样在白天或夜晚都很容易引人注意。

二、构造

（一）介质选择

选择标志牌和信息板的介质有很多种，如下：

(1) 丝网复制；
(2) 字体拓印；
(3) 打印黏附层；
(4) 摄影薄板复制；
(5) 三维材料：手绘、雕刻。

（二）材料选择

如图2.3.1~图2.3.5所示，每一种材料都有相应的构造方式，而选用何种材料取决于工程预算、外形要求、耐久性、建造地点和维修方法。

铝比较经济，防锈蚀，质量轻，而且可以在薄铝片上制造浮雕花纹。

在钢坯上覆盖一层透明珐琅能够延长使用寿命，而且可以避免钢材褪色；但是它很容易被石头等物体砸碎。

丙烯酸树脂塑料薄片，实体透明，具有耐气体腐蚀性，而且这种材料只需要少量维修工作。

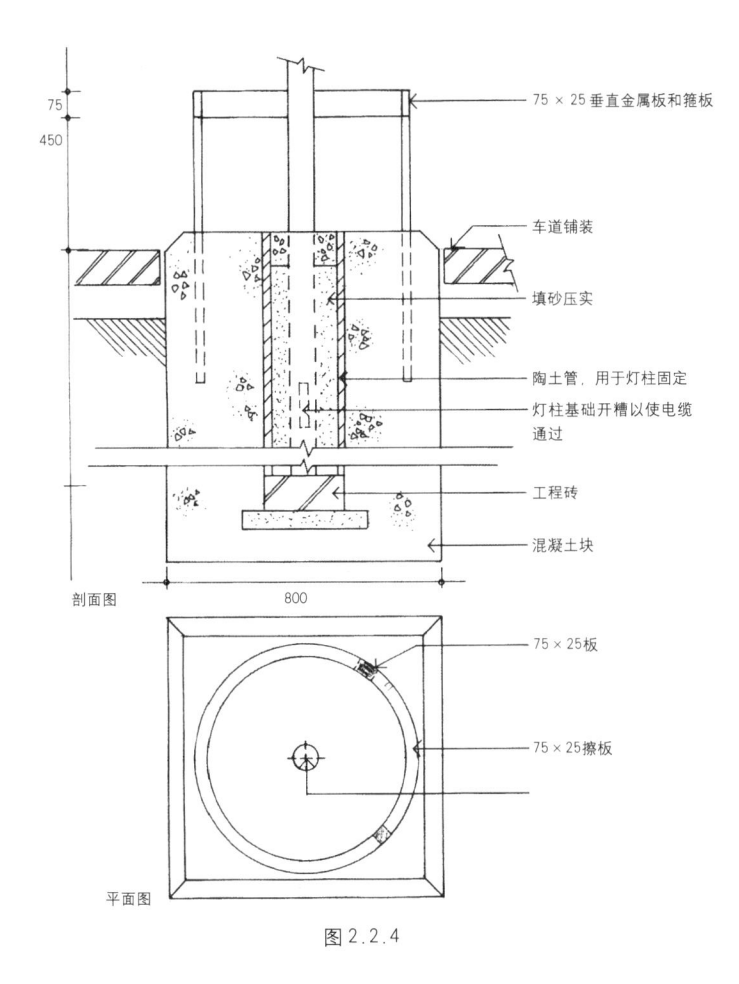

图2.2.4

三、施工

属于室外照明范围的各种灯光，都需结合实际情况选用能取得较好照明性能的设备，特别是通过反射的间接照明，较之直接照明更能表现景观特色。选择光源是室外照明装置首要考虑的问题，这时既要考虑初始成本，还要考虑运行耗费。在大多数情况下室外适宜采用高压放电灯。对于那些采用直接入射光的灯杆照明装置，施工时应根据灯光的强度和场地实际情况来调整灯杆的尺寸。

思考题

1. 在设计城市广场或商业步行街的照明装置时，如何兼顾照明效果和艺术效果？
2. 安装在墙上的照明装置有哪些技术要求？

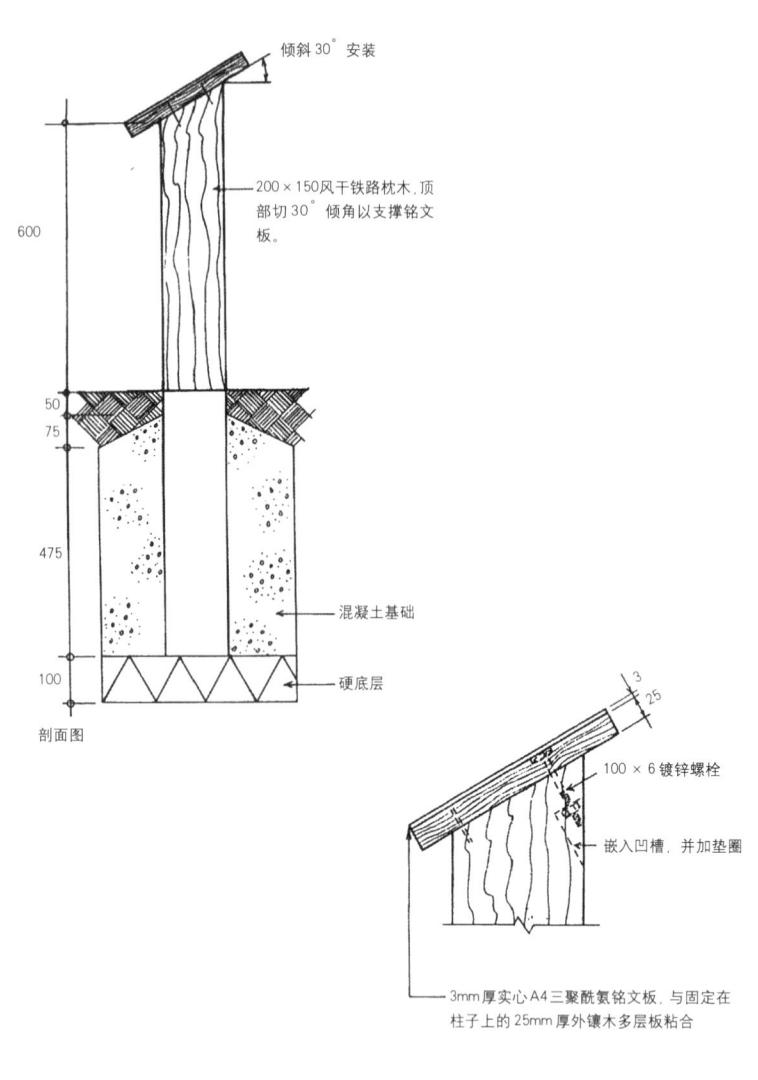

图 2.3.1

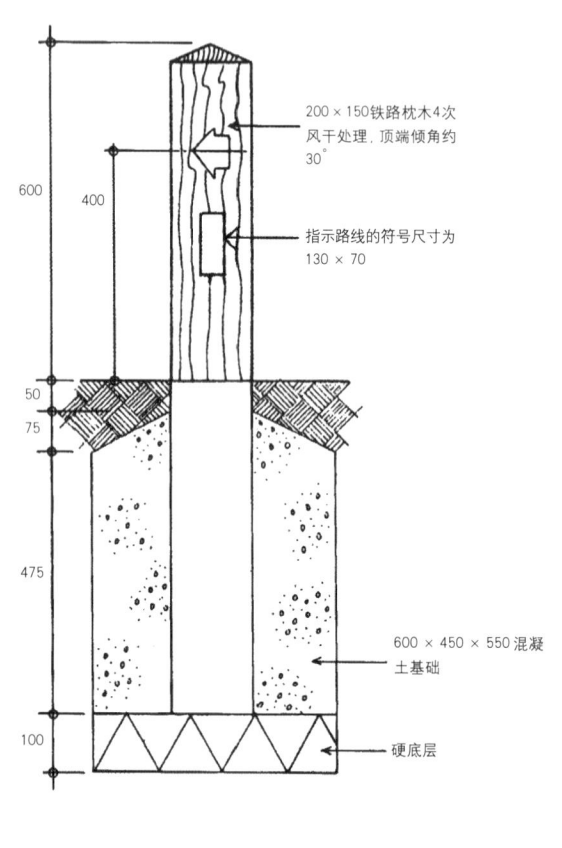

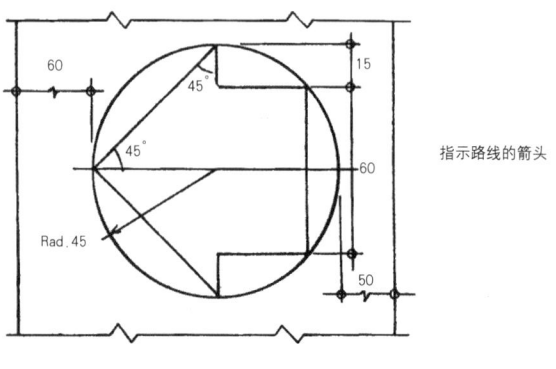

图 2.3.2

图 2.3.3

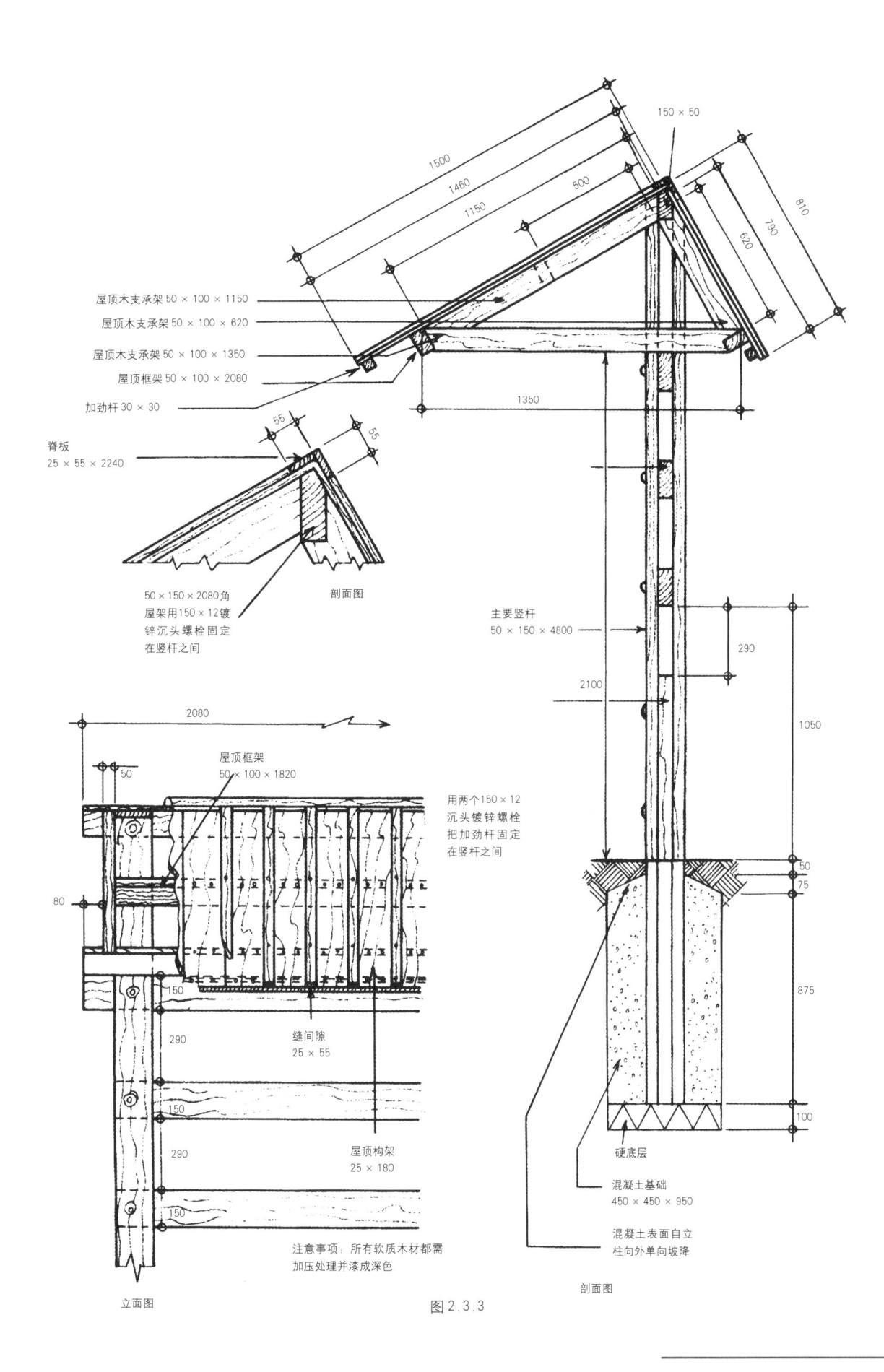

/ 全国高等院校环境艺术设计专业规划教材 /

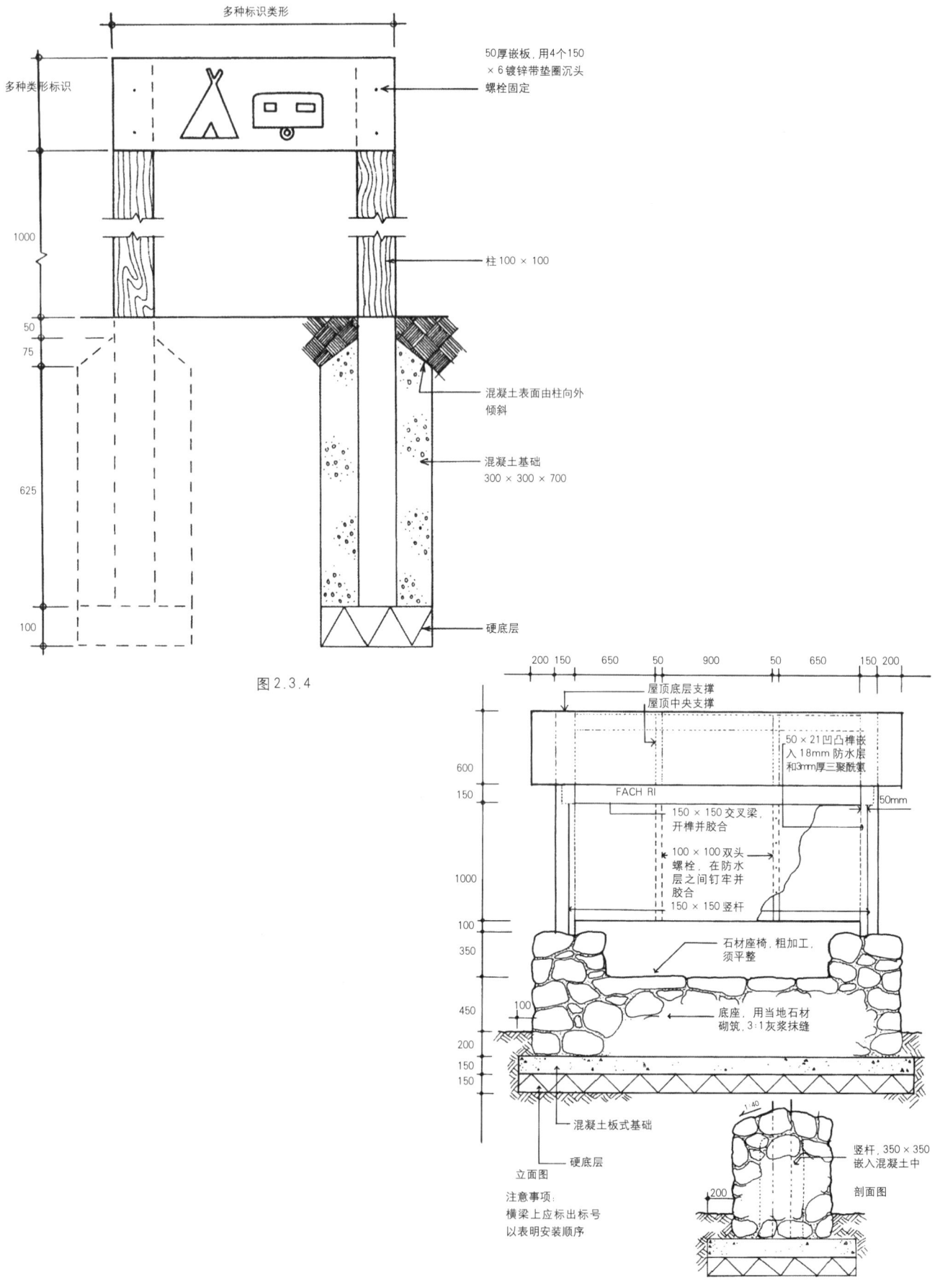

图 2.3.4

图 2.3.5

木材——胶合板和板块是最为常用的。

也可以是用有机玻璃、平板玻璃和不锈钢。

(三) 字体

标志牌上的字体一般是供人从远处看的，以便识别，所以应该把它做得十分简洁醒目，而且我们在选择字体时应只选用几种常用类型，以避免给人带来视觉干扰。在确定字体前应该向有经验的印刷工人请教有关专业方面的意见，因为不是所有的标牌制作者对印刷和版面布局知识都有足够的了解。

如果需要在字体上加浮雕效果，可以使用上文所提到的所有材料来制造印刷字，可以用一个常规机器把字轧制成凹陷形的，这种方法也经常用在标志牌中。但是如果所选字体有衬线，那么就需要有很大耐心和细心。

三、施工

标志牌可以挂在(就像酒吧标志一样)或安装在墙或其他垂直的结构上，它也可以做成自身承重的形式，用固定在混凝土中的支柱来支撑。无论选择什么安装方法，它们都必须固定，以避免被风吹倒或因为其他原因倒塌而带来人或财物损害。同时也应尽量保持它的坚固耐久性。

思考题

1. 设计标志牌和信息板时，应注意哪些设计要领？

2. 在设计标志牌或信息板时，由于高度不同，铭文牌的倾斜角度与观者视线的关系有何变化？

第四节 公共服务设施

一、设计

(一) 垃圾筒

设计中需要注意：要保证把垃圾箱放置在使用者易于发现的地方，这样也便于垃圾的收集与倾倒，垃圾箱应该有一个适宜的高度以方便垃圾倾倒。如果需要在垃圾箱上面加盖，那么盖子必须容易开启和关闭。由于总是存在恶意或无意的破坏行为(无论是人为的还是动物造成的)，所以在设计垃圾箱时——垃圾箱的形式取决于所在位置时——需要进行慎重思考。我们的设计也必须在保证卫生的同时，不会对雨水、污水的排放造成影响。

1. 类型

垃圾箱有很多种类型，例如：

(1) 安置在支柱(如灯箱标志牌支柱)上的垃圾箱

(2) 安置在墙或垂直表面上的垃圾箱

(3) 自身承重的垃圾箱

(4) 固定在地面上的垃圾箱

(5) 可移动的垃圾箱，一般供临时使用

(6) 与其他用具或结构物(如长凳、坐椅和墙等)连接在一起的垃圾箱

2. 材料

可用于制造垃圾箱的材料有很多种，例如：

(1) 金属薄片、铝、玻璃纤维——经常用于大规模机器制造。

(2) 木材、混凝土——虽然也可以用这些材料进行大规模生产，但一般用于现场单独制作。

在很多情况下可以同时使用多种材料来制造垃圾箱，例如金属和木材的搭配使用。

二、构造

图2.4.1~图2.4.3描绘了几种类型的垃圾筒的构造和作法,另外按材质和组合方式分类还有如下类别:

1. 单个——按材质分类为石材、木材、金属及其他种类垃圾筒。

2. 组合——包括筒数两个一组、与桌椅配套、垃圾暂存用之贮存场等类别。

3. 垃圾机械——按收集垃圾的机械种类分为垃圾车及筒收集器两种。

(二) 护柱

护柱起到屏障作用,把车辆同行人分开或提供暗示其地区的视觉过渡的作用。它们也起到提供节奏、比例、质地和颜色的作用。

护柱可与锁链结合加强分隔感或有助形成屏障。它们也常同路灯结合起来，提供行人区的夜晚照明。(图 2.4.4a~图 2.4.4d)

(三) 街道小亭

用做广告板、方向牌、展示区和信息亭的街道小亭，起到聚焦要素的作用。它们给街道提供色彩，形

成户外空间的特色，也常常提供夜间照明。(图2.4.5和图2.4.6a～2.4.6k)

图2.4.1

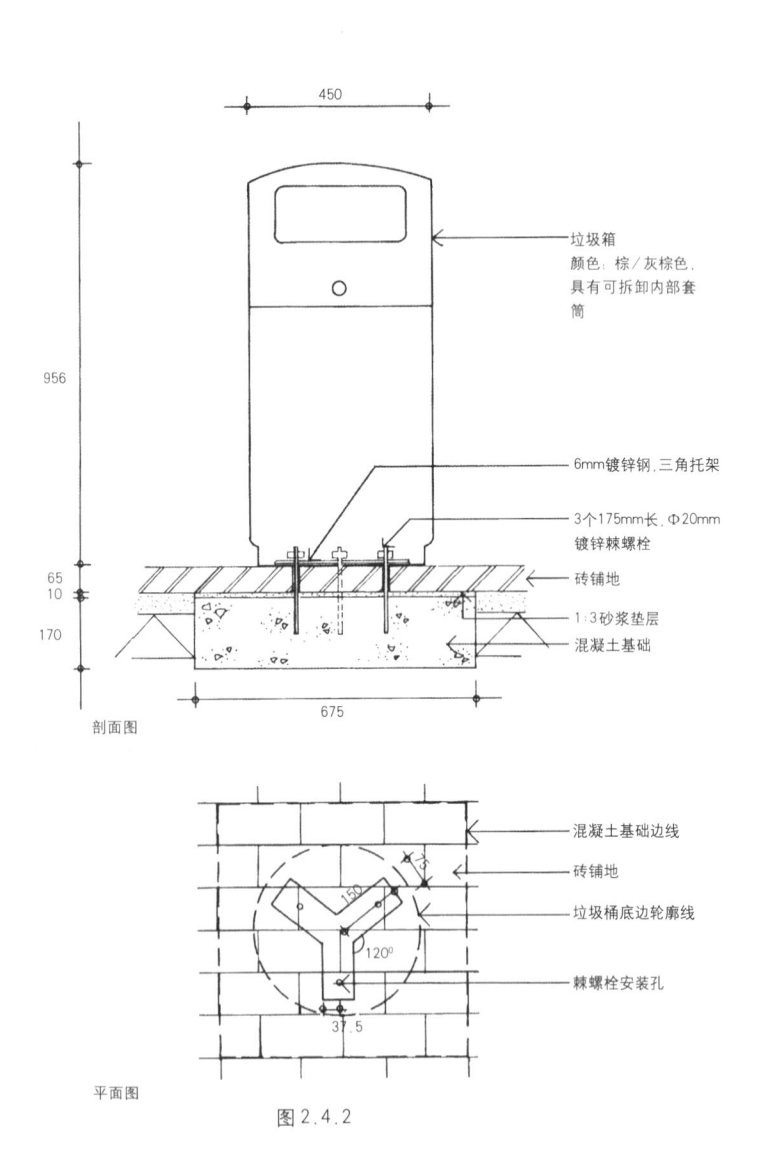

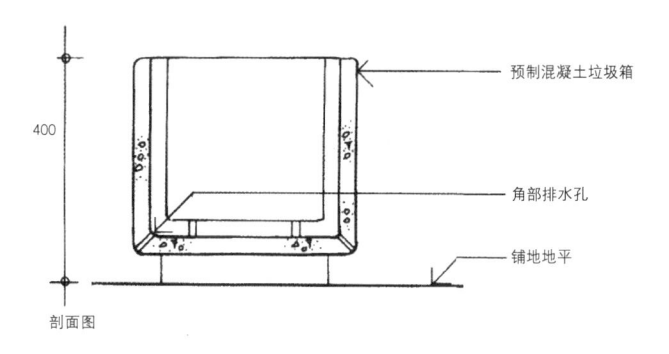

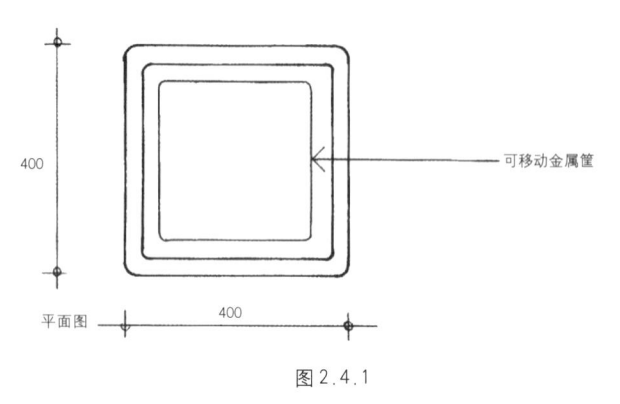

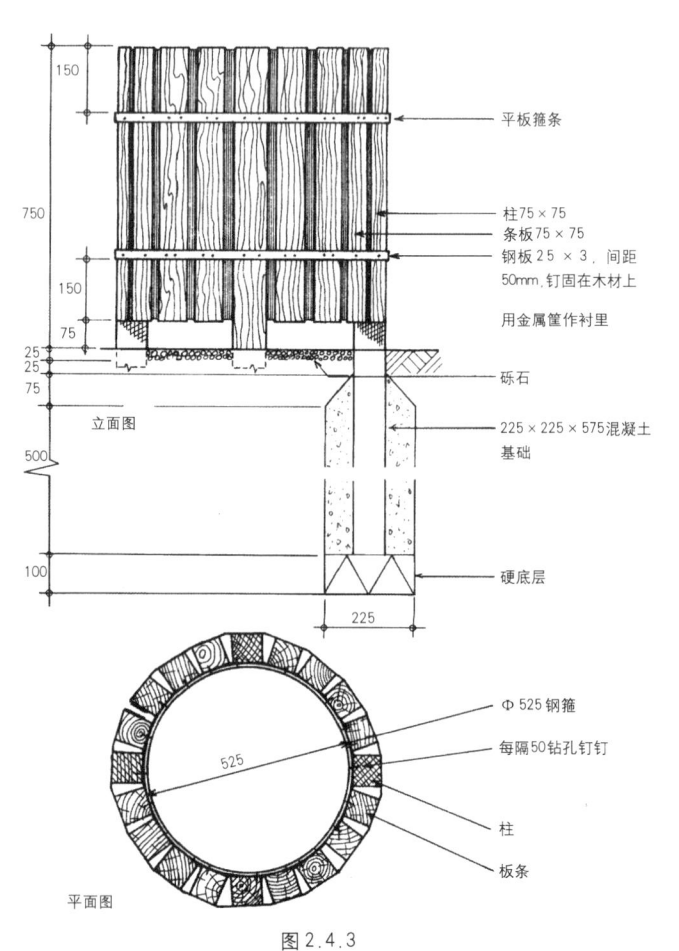

图2.4.2

图2.4.3

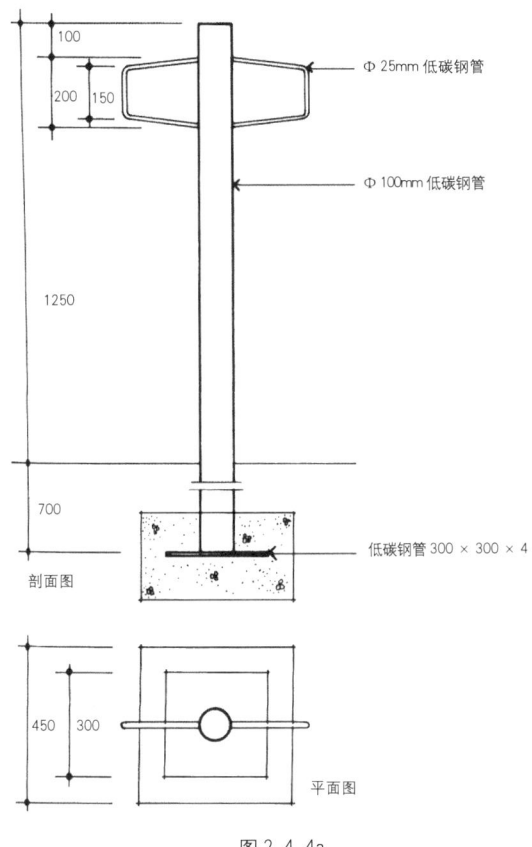

图 2.4.4a

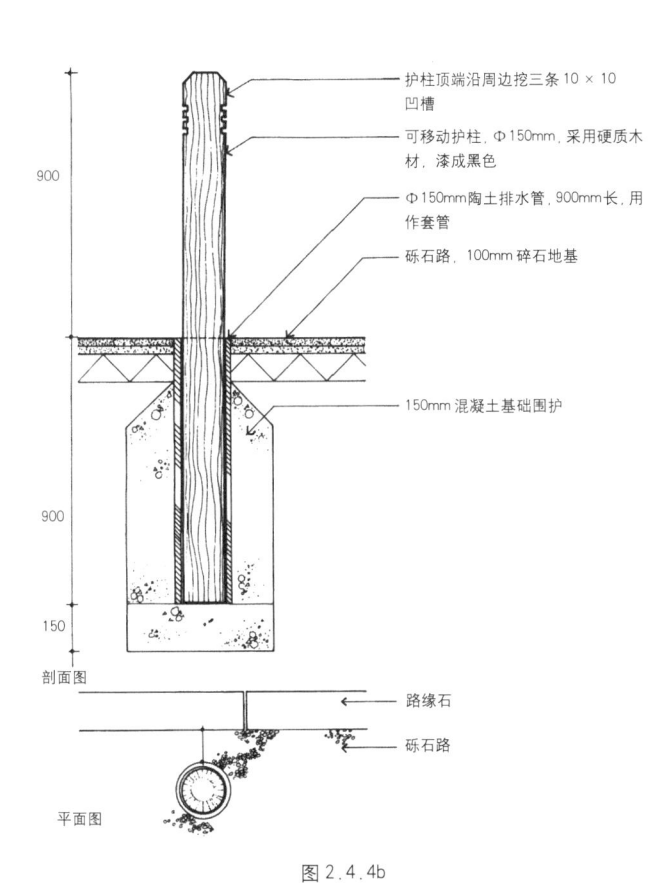

图 2.4.4b

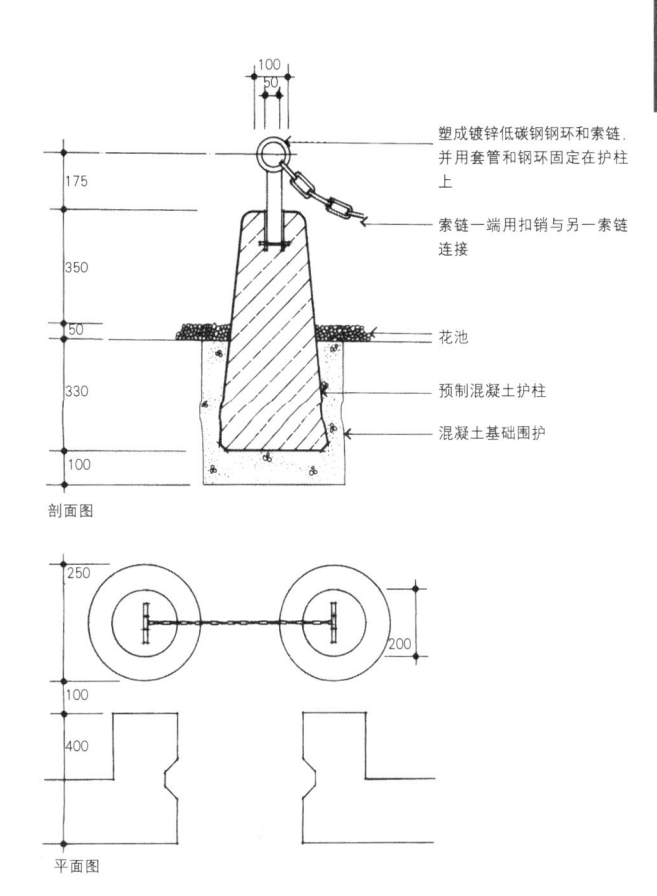

图 2.4.4c

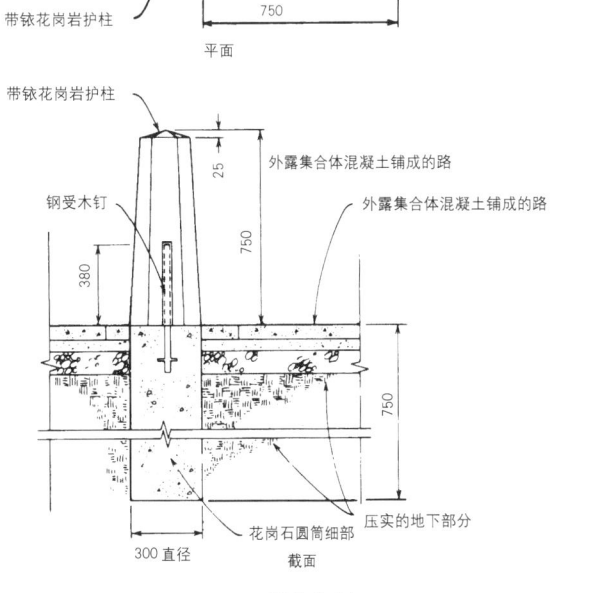

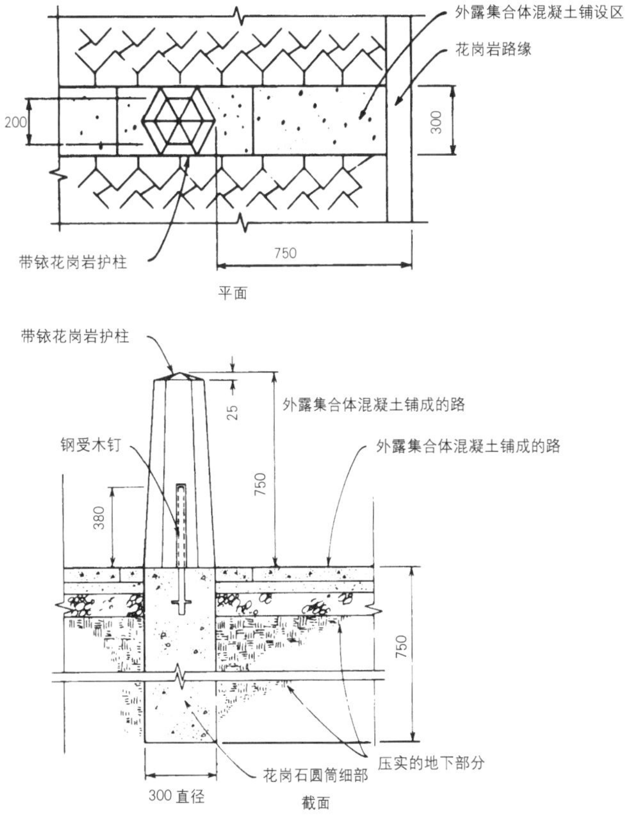

图 2.4.4d

剖面图

立面图

平面图

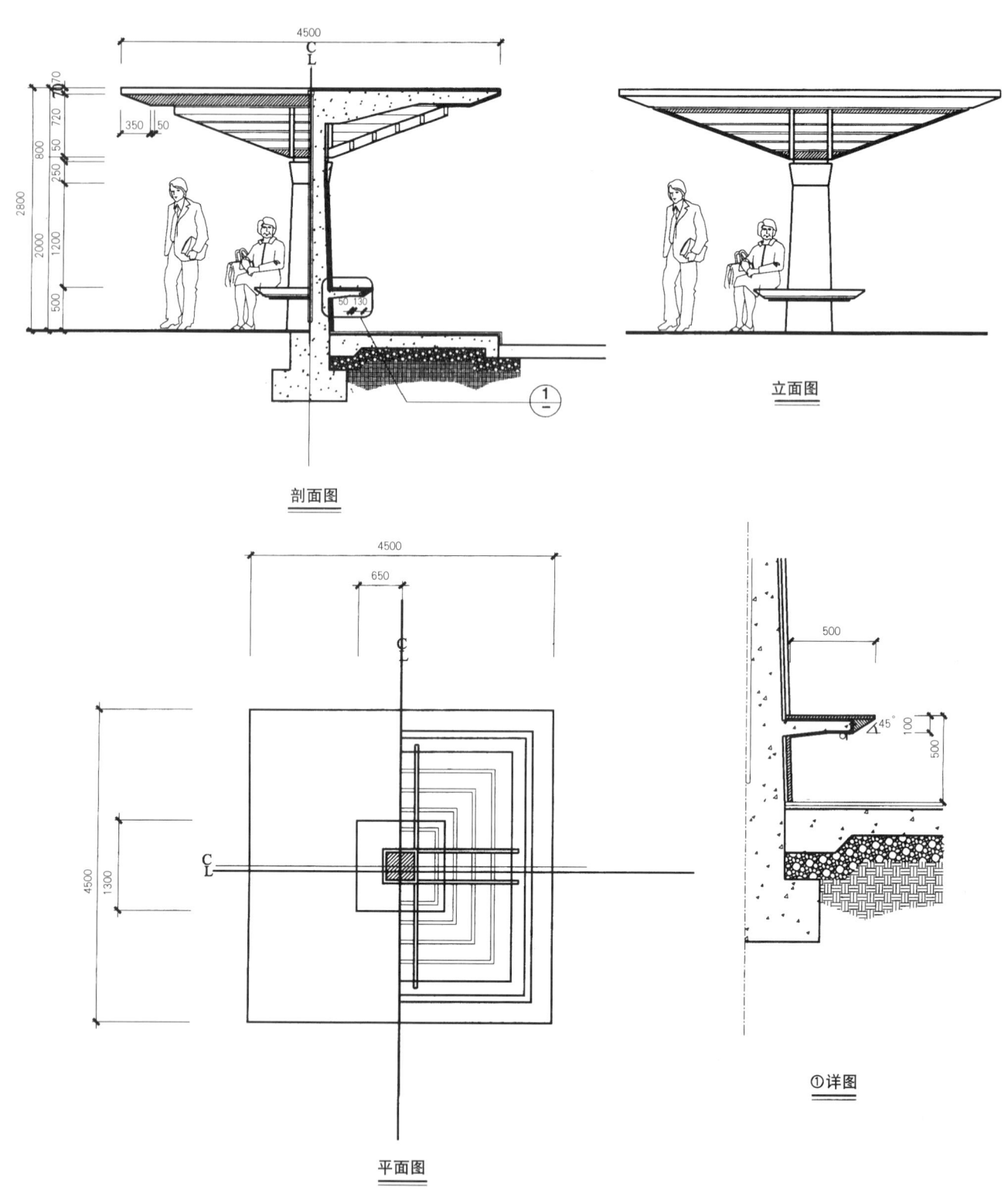

①详图

图 2.4.5

景观建构

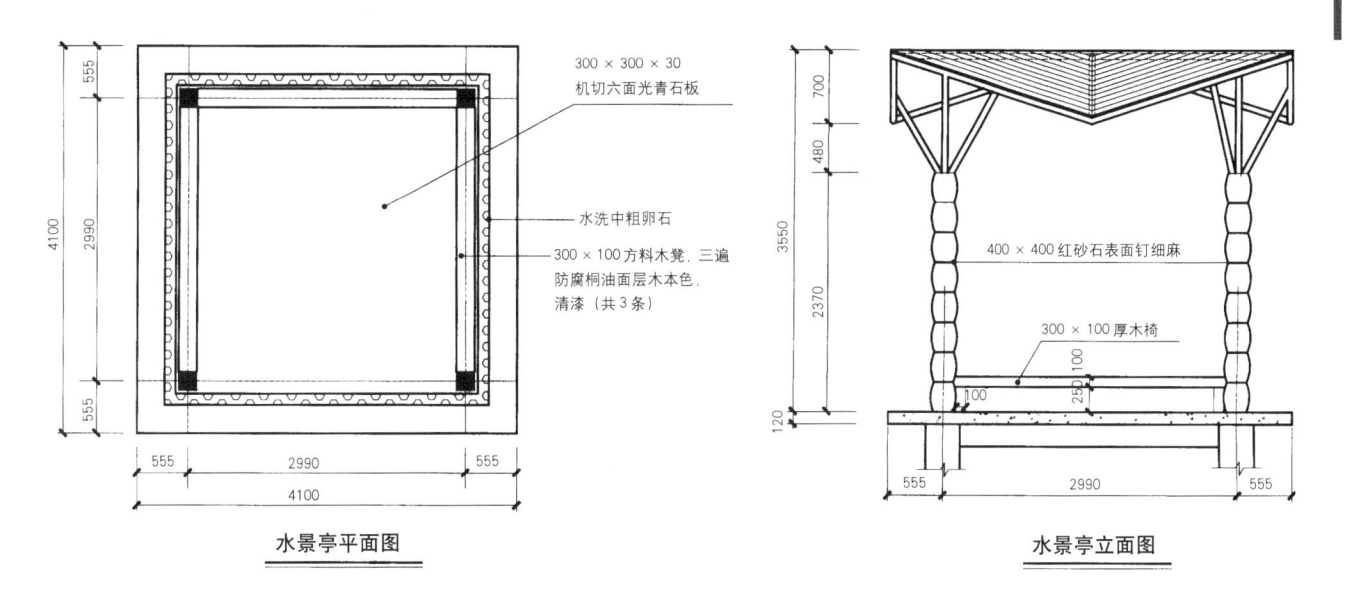

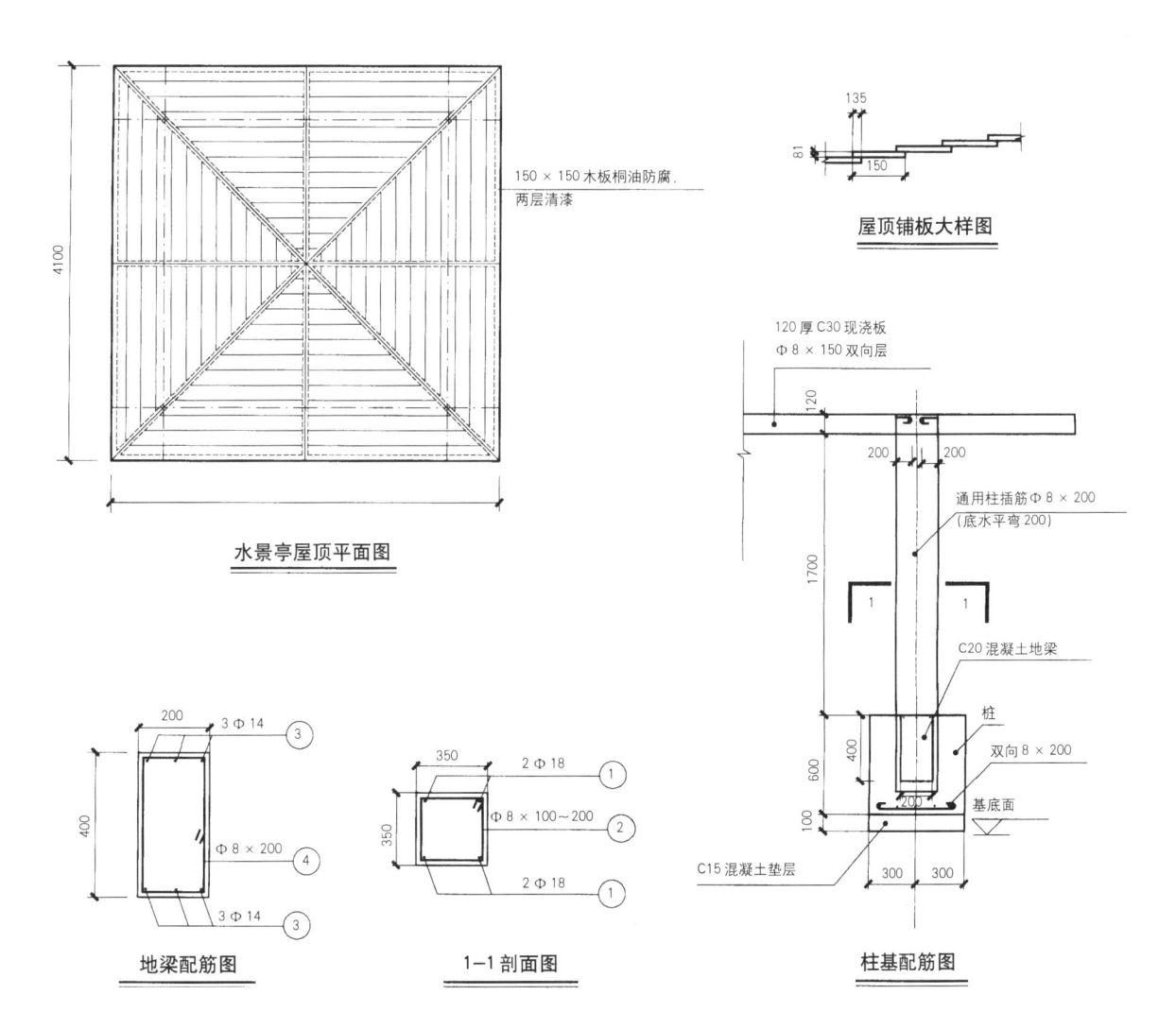

第二章 城市家具的设计与作法

水景亭平面图
- 300×300×30 机切六面光青石板
- 水洗中粗卵石
- 300×100方料木凳，三遍防腐桐油面层木本色，清漆（共3条）

水景亭立面图
- 400×400 红砂石表面钉细麻
- 300×100 厚木椅

水景亭屋顶平面图
- 150×150 木板桐油防腐，两层清漆

屋顶铺板大样图

柱基配筋图
- 120厚C30现浇板 Φ8×150双向层
- 通用柱插筋Φ8×200（底水平弯200）
- C20混凝土地梁
- 桩
- 双向8×200
- 基底面
- C15混凝土垫层

地梁配筋图
- 3Φ14
- Φ8×200

1—1剖面图
- 2Φ18
- Φ8×100~200
- 2Φ18

图 2.4.6a

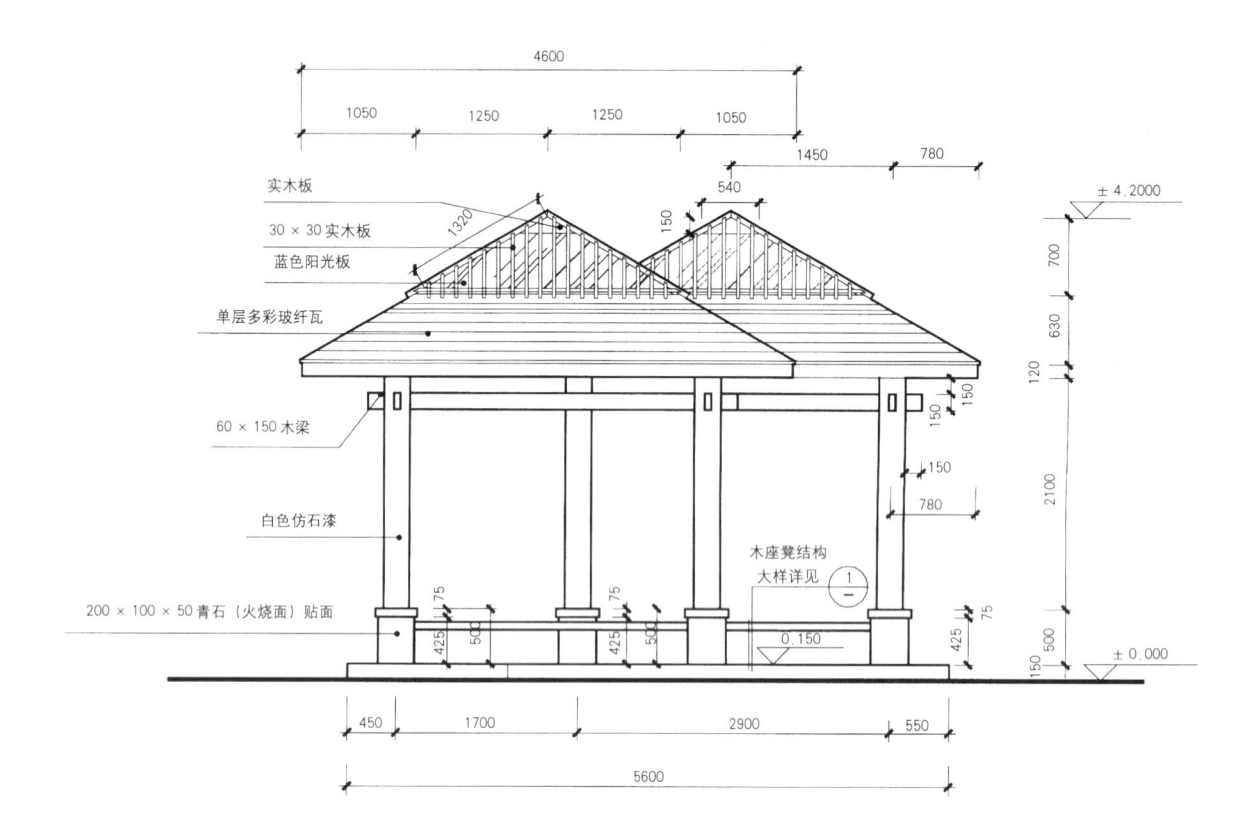

双亭立面图

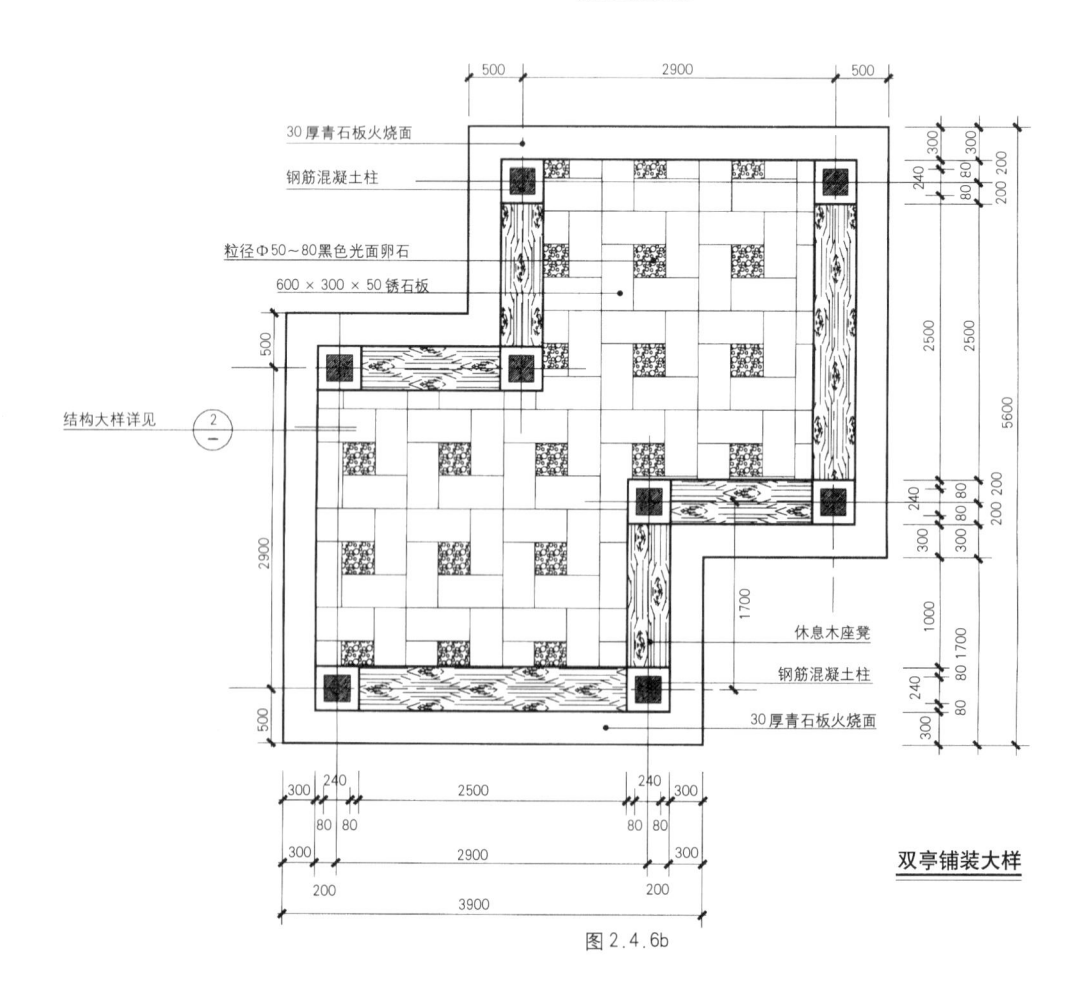

双亭铺装大样

图 2.4.6b

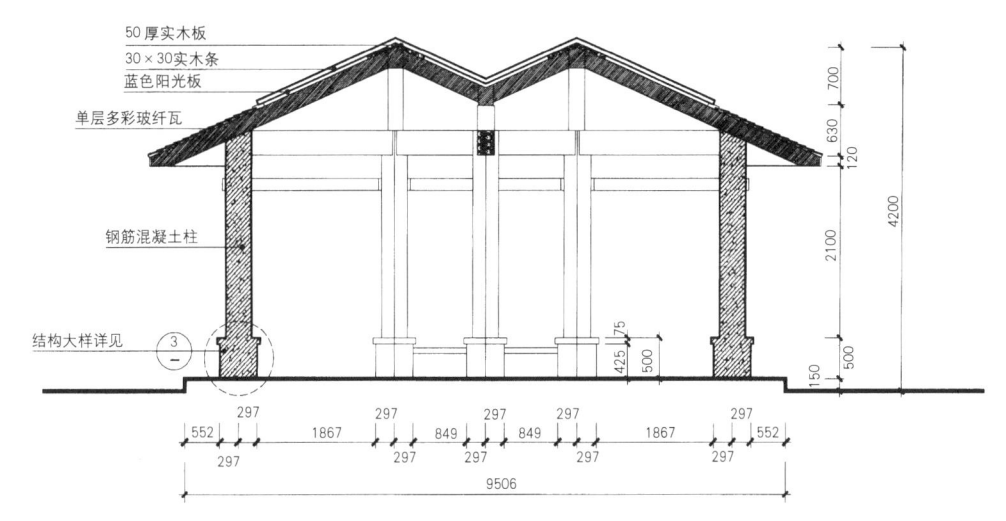

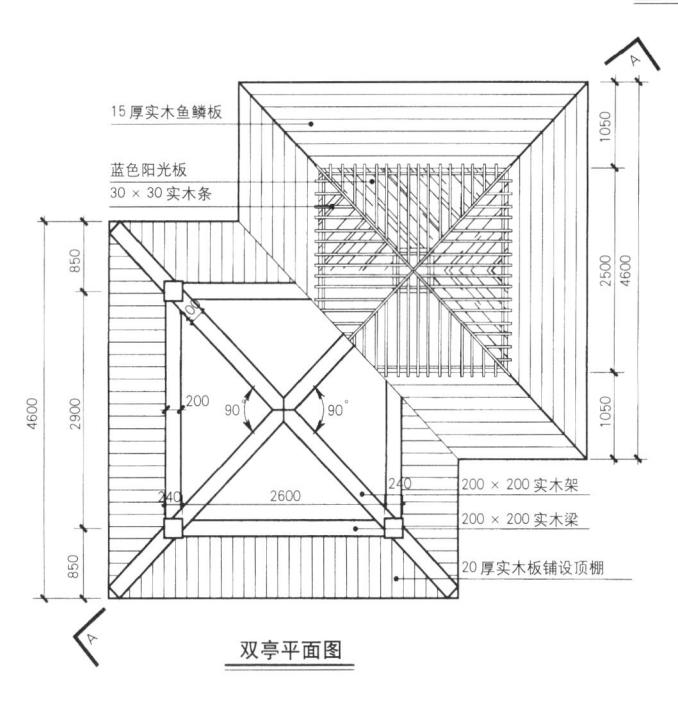

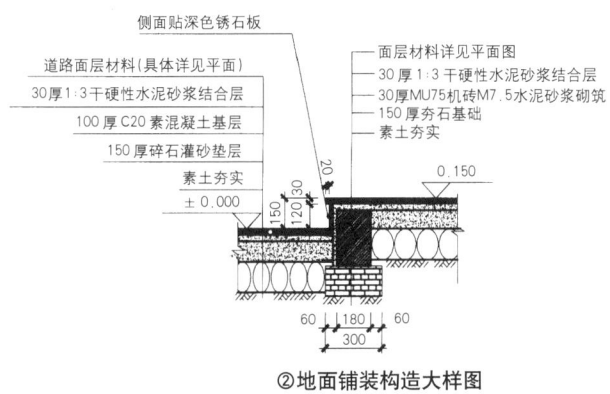

图 2.4.6c

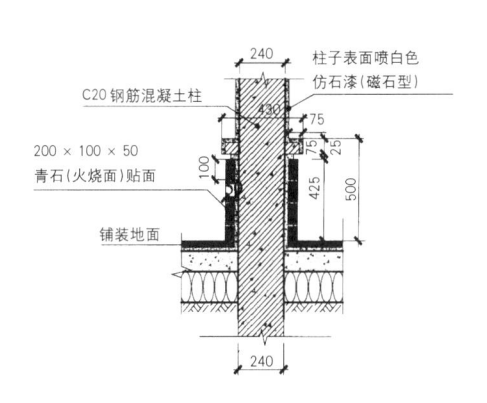

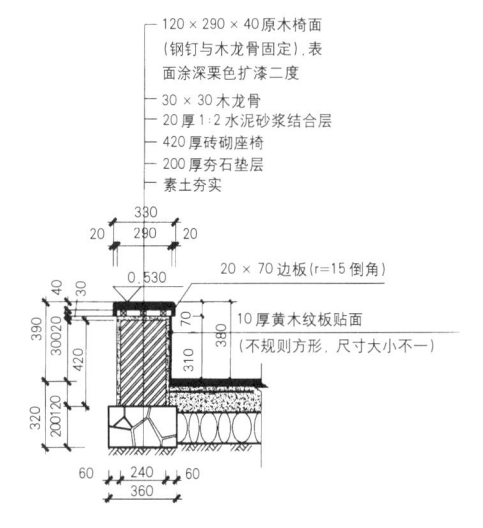

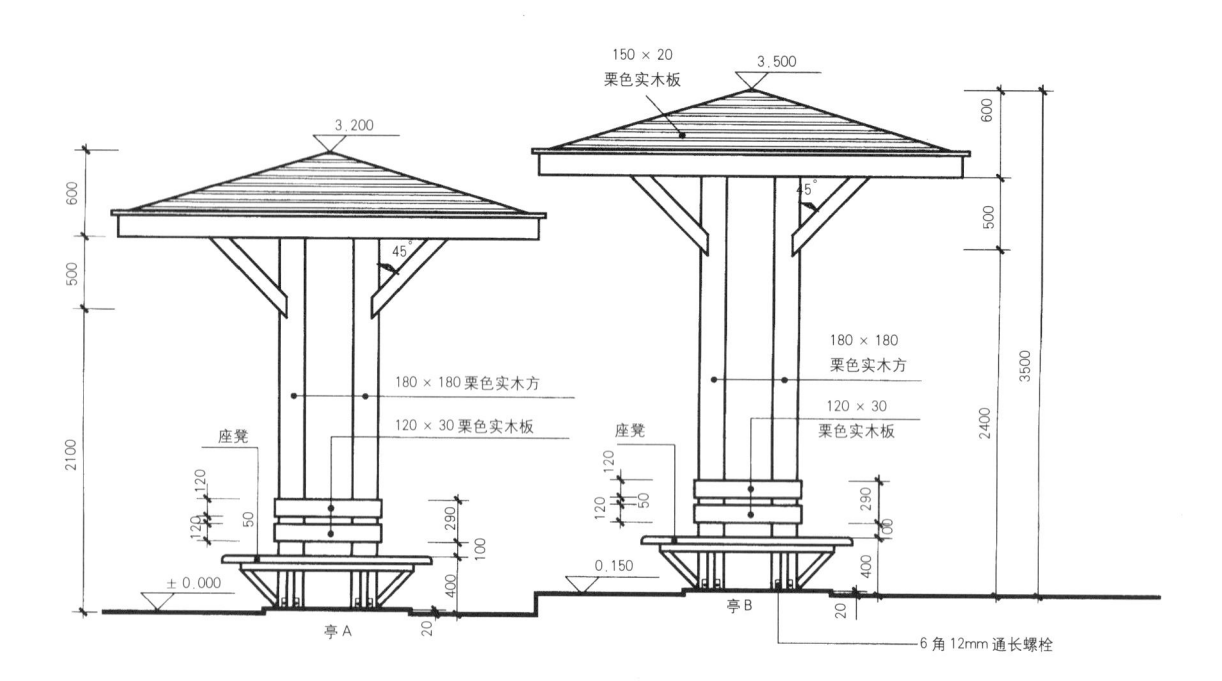

同心亭立面图

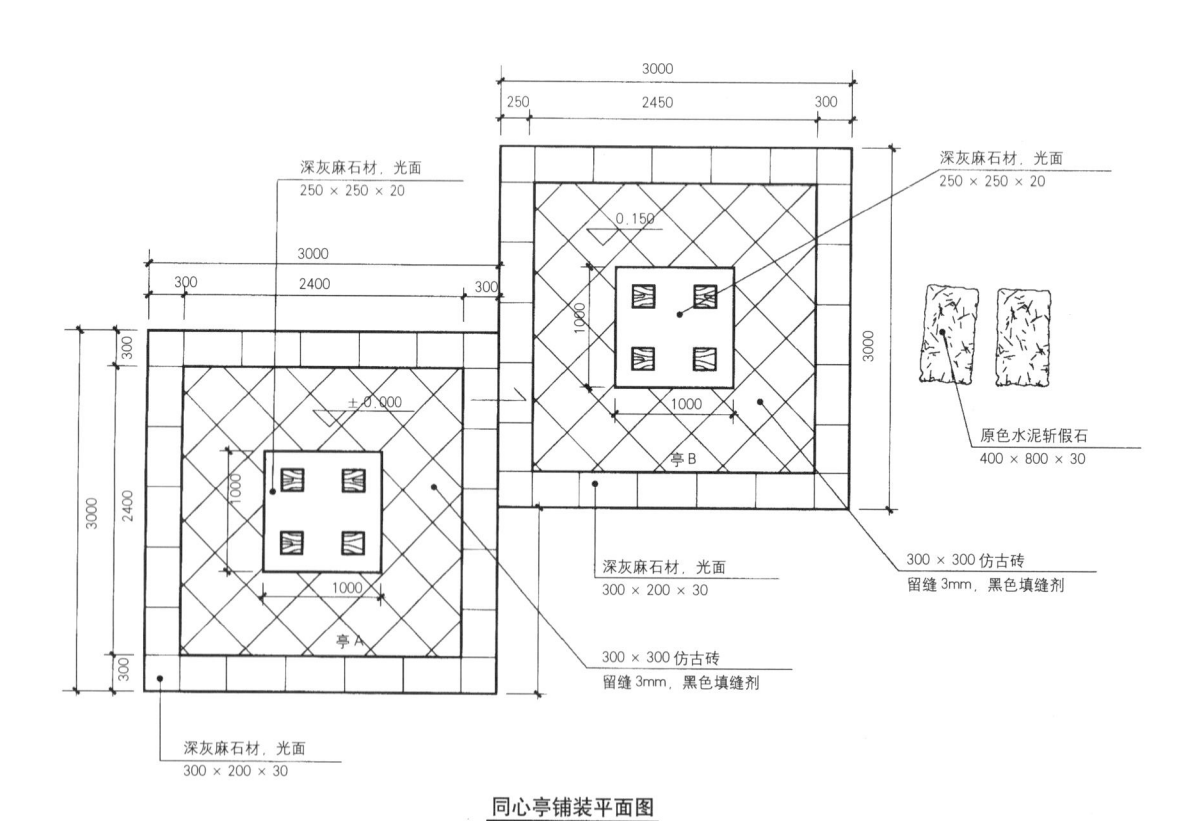

同心亭铺装平面图

图 2.4.6d

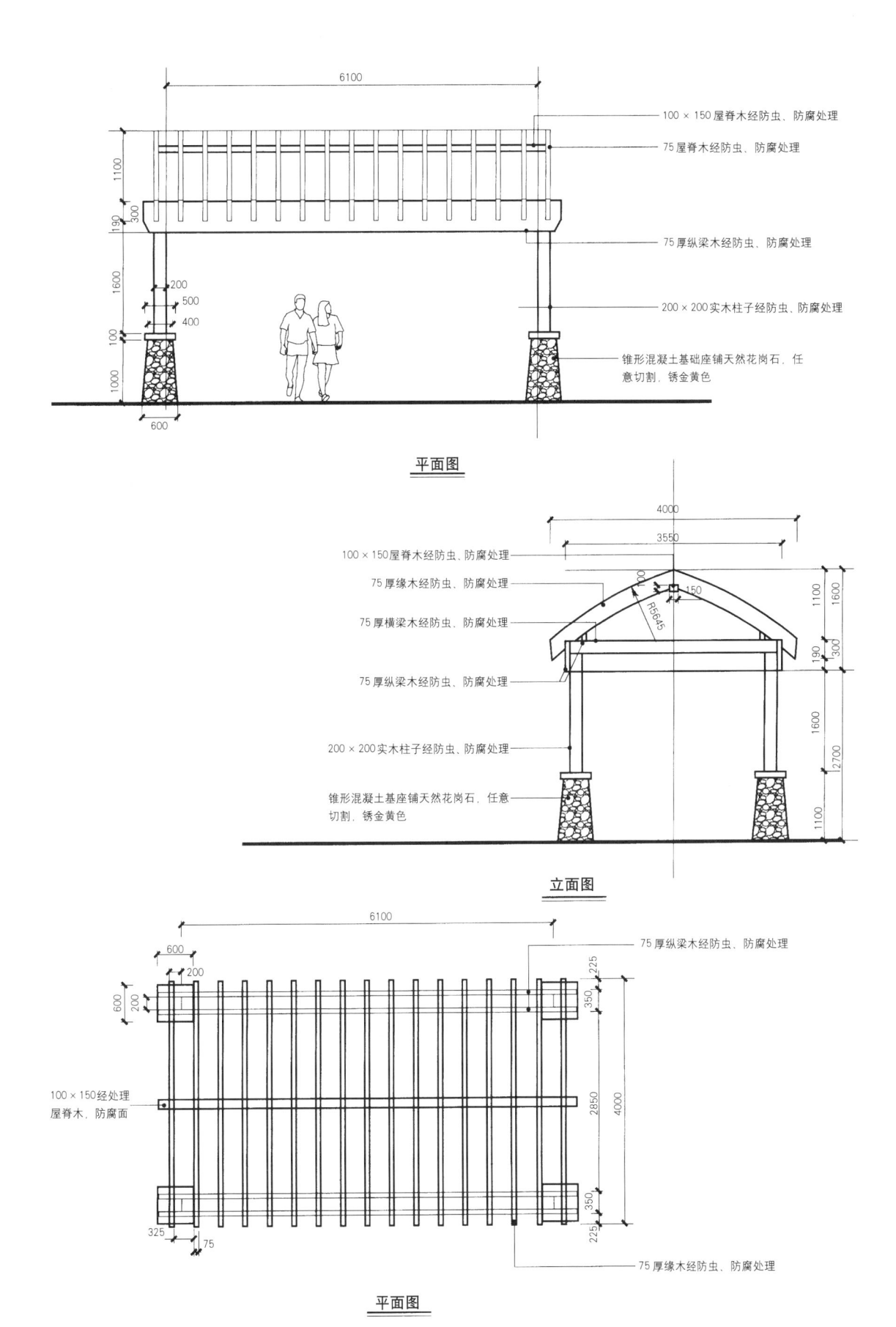

图 2.4.6e

休闲小筑立面图二

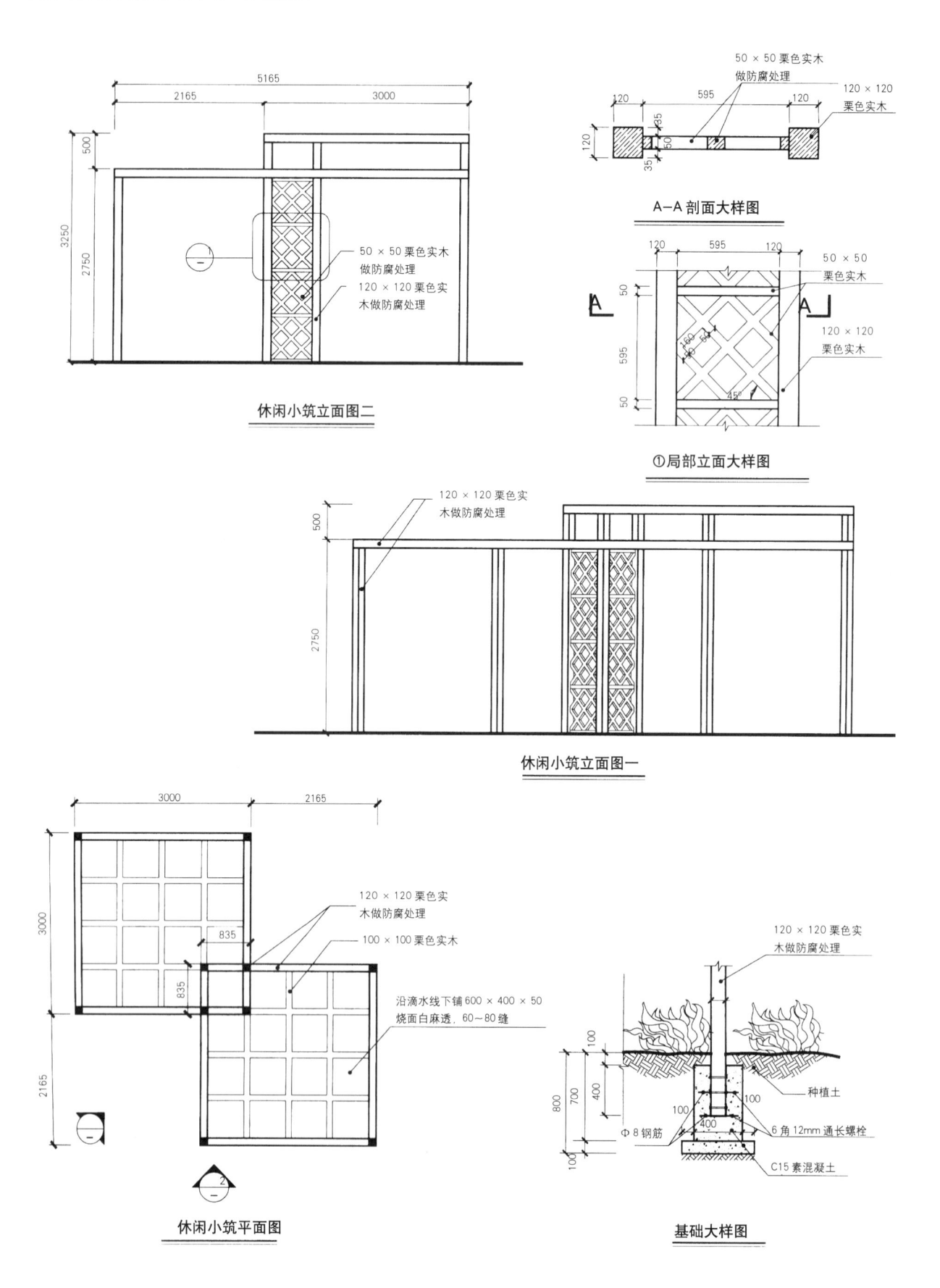

A-A 剖面大样图

① 局部立面大样图

休闲小筑立面图一

休闲小筑平面图

基础大样图

图 2.4.6f

立面图

①详图

②详图

剖面图

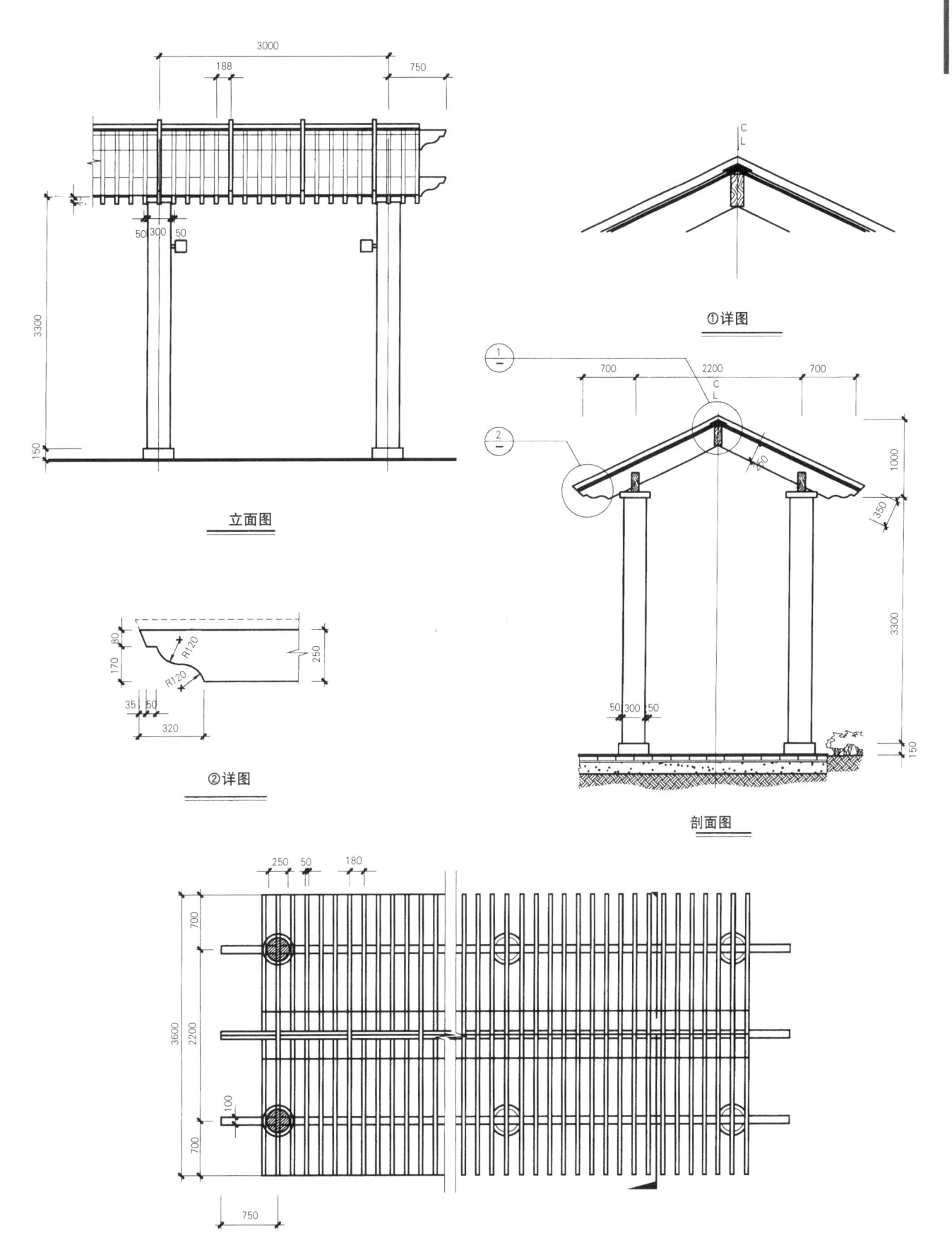

屋顶平面图

图 2.4.6g

木景亭立面图

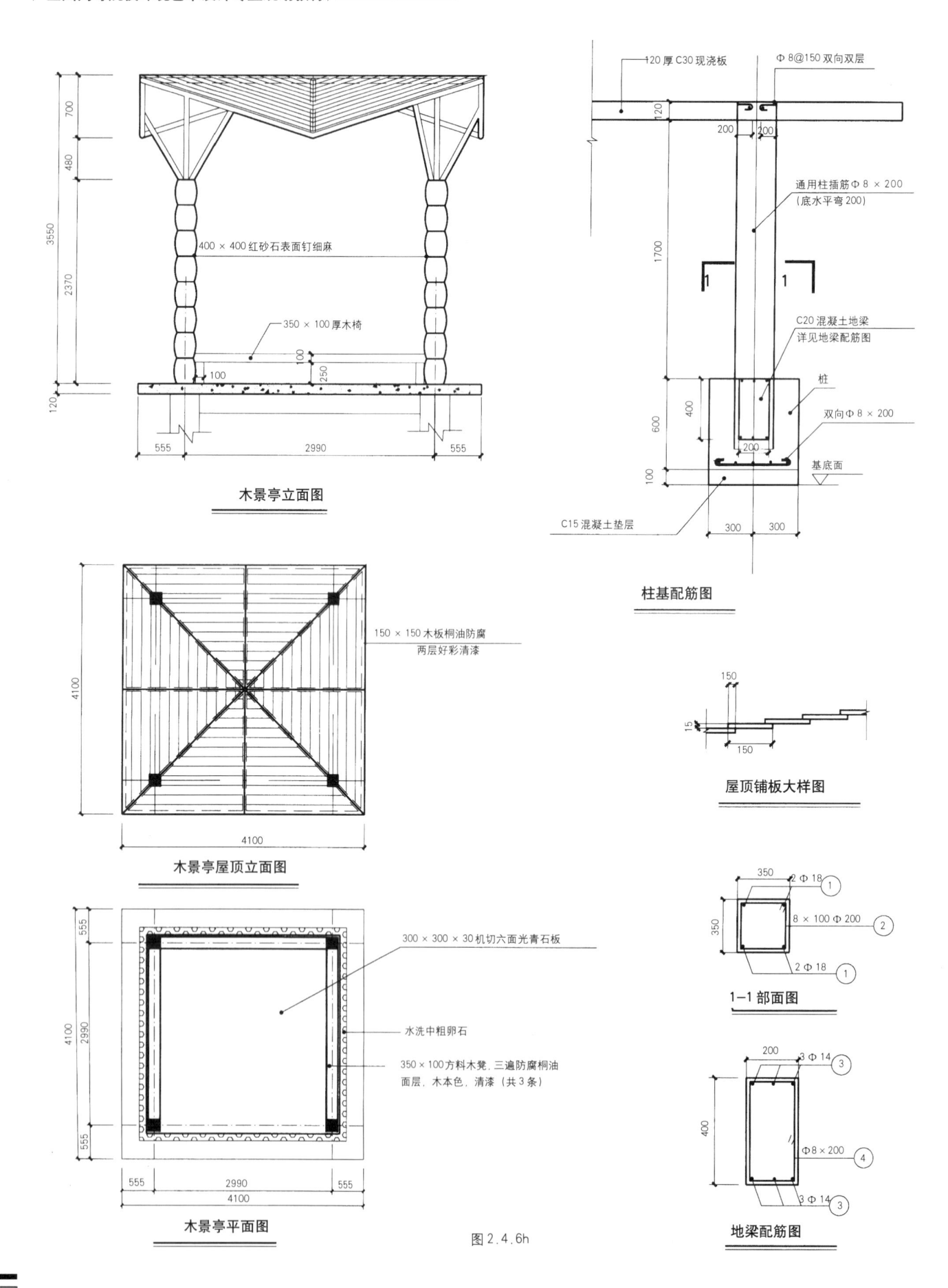

400×400红砂石表面钉细麻

350×100厚木椅

柱基配筋图

120厚C30现浇板
Φ8@150双向双层
通用柱插筋Φ8×200
（底水平弯200）
C20混凝土地梁
详见地梁配筋图
桩
双向Φ8×200
基底面
C15混凝土垫层

木景亭屋顶立面图

150×150木板桐油防腐
两层好彩清漆

屋顶铺板大样图

木景亭平面图

300×300×30机切六面光青石板
水洗中粗卵石
350×100方料木凳，三遍防腐桐油
面层，木本色，清漆（共3条）

图 2.4.6h

1-1 部面图

2Φ18
8×100Φ200
2Φ18

地梁配筋图

3Φ14
Φ8×200
3Φ14

凉亭架正立面图

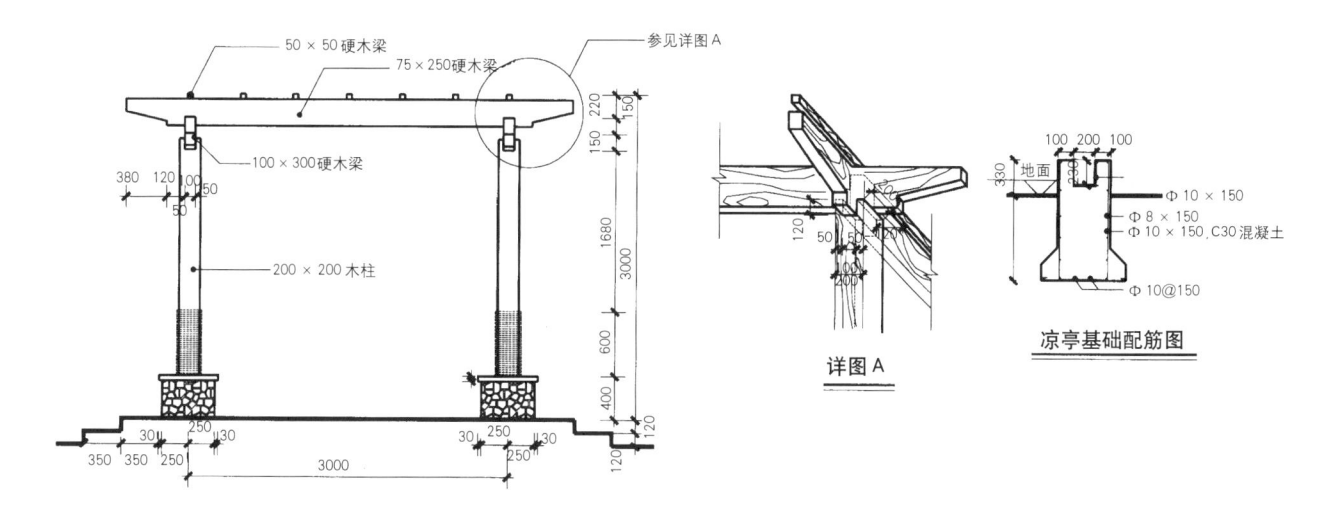

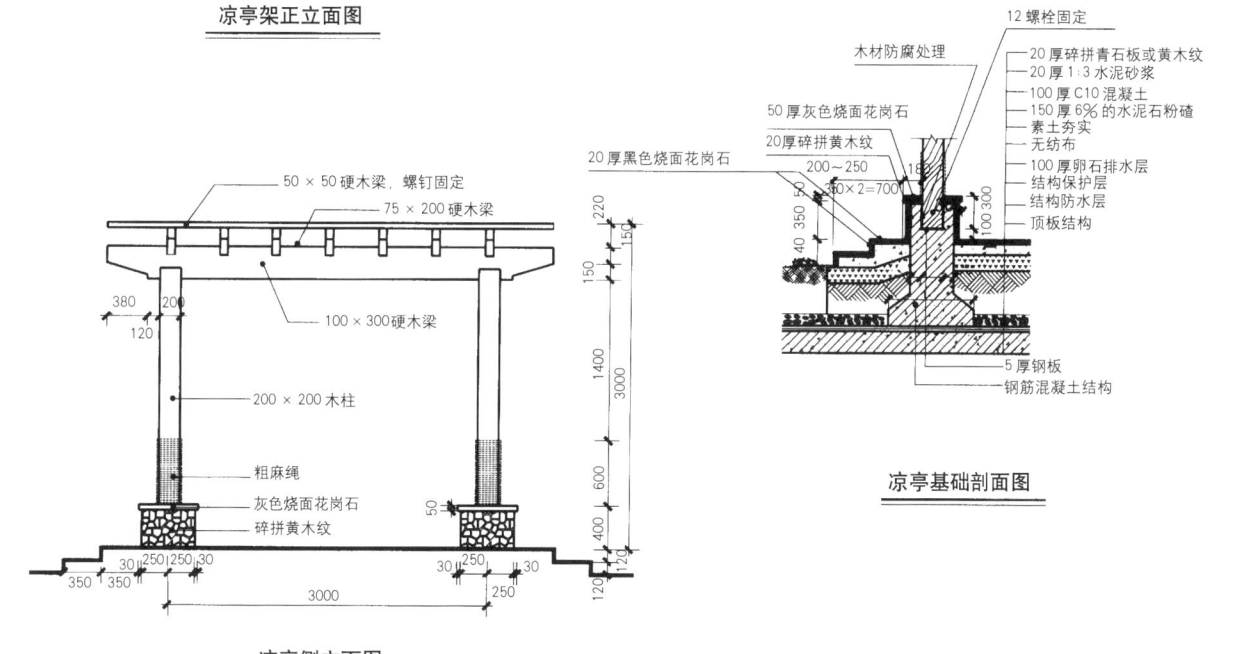

详图A

凉亭基础配筋图

凉亭侧立面图

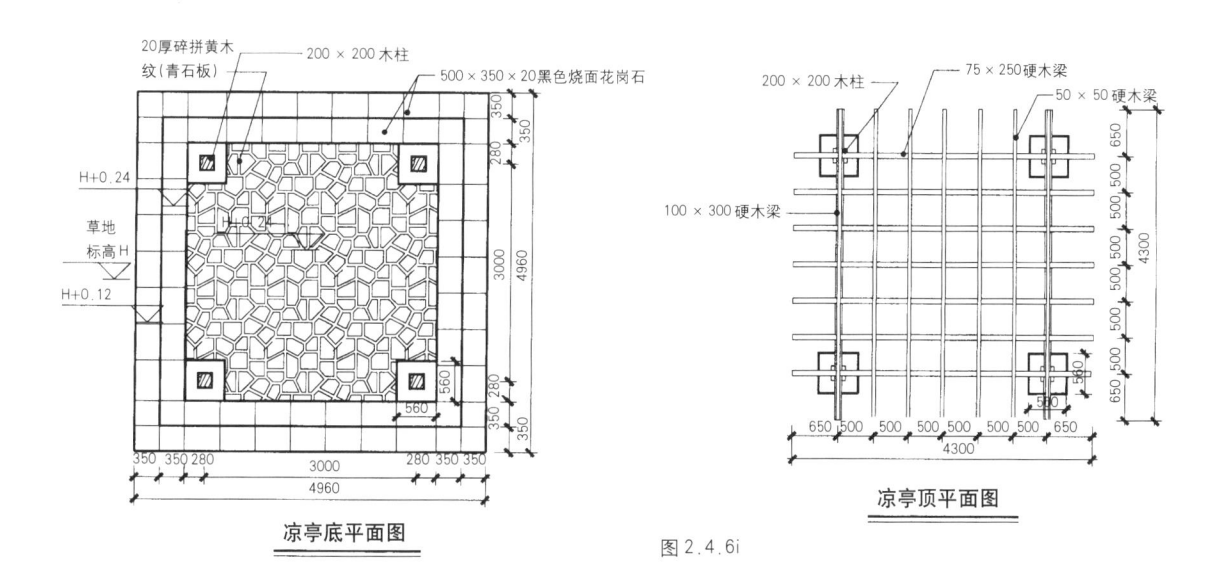

凉亭基础剖面图

凉亭底平面图

凉亭顶平面图

图 2.4.6i

/全国高等院校环境艺术设计专业规划教材/

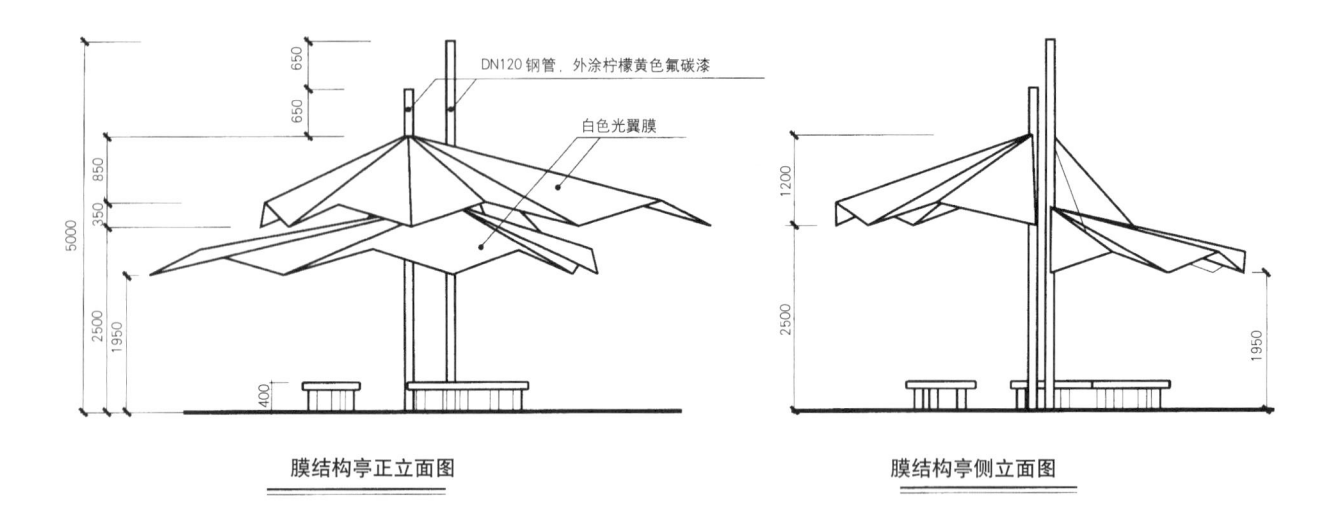

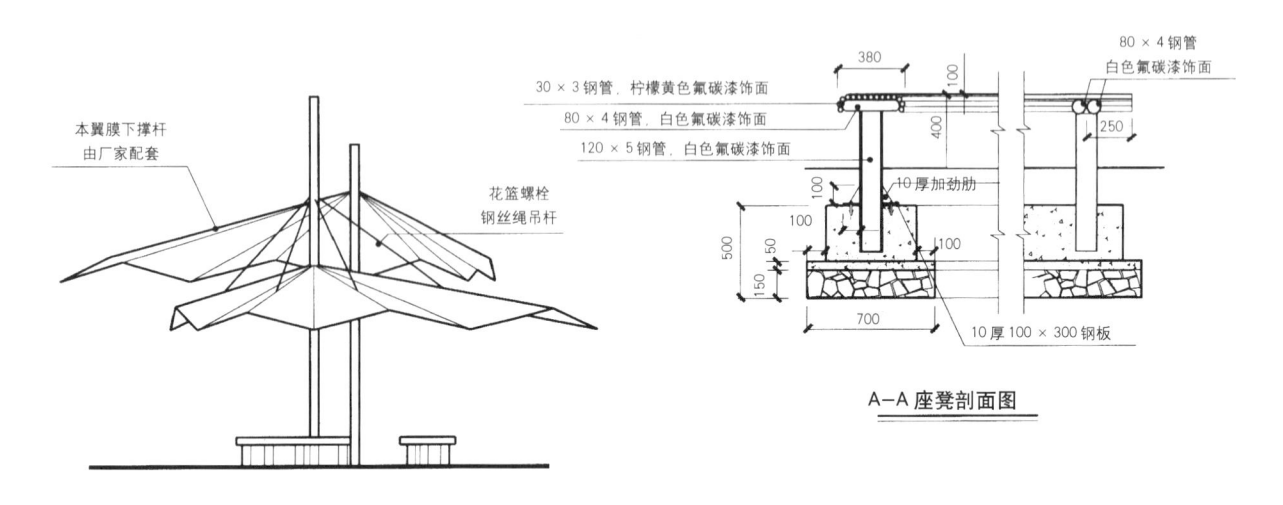

膜结构亭正立面图

膜结构亭侧立面图

膜结构亭背立面图

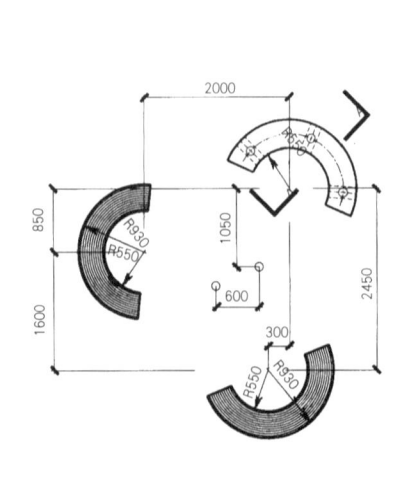

A-A 座凳剖面图

膜结构亭座凳平面图

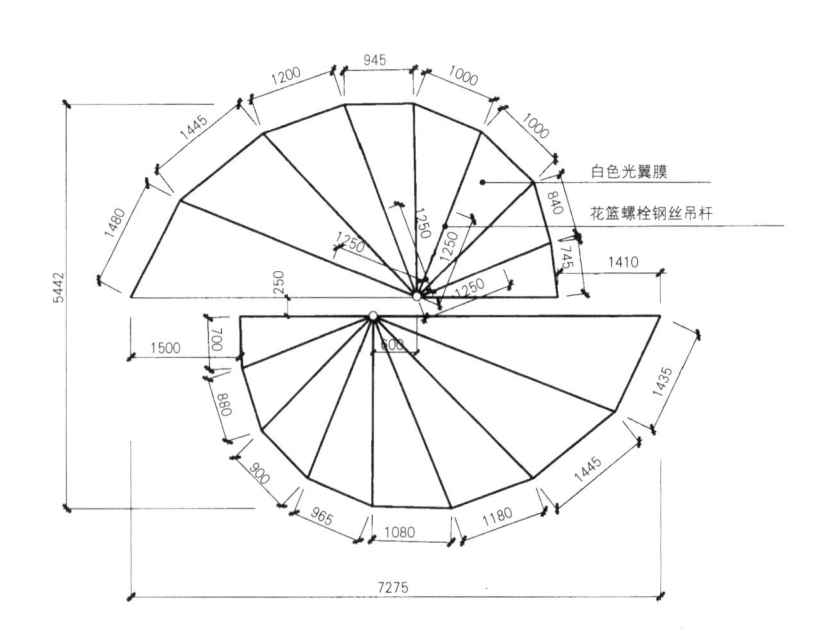

膜结构亭平面图

图 2.4.6j

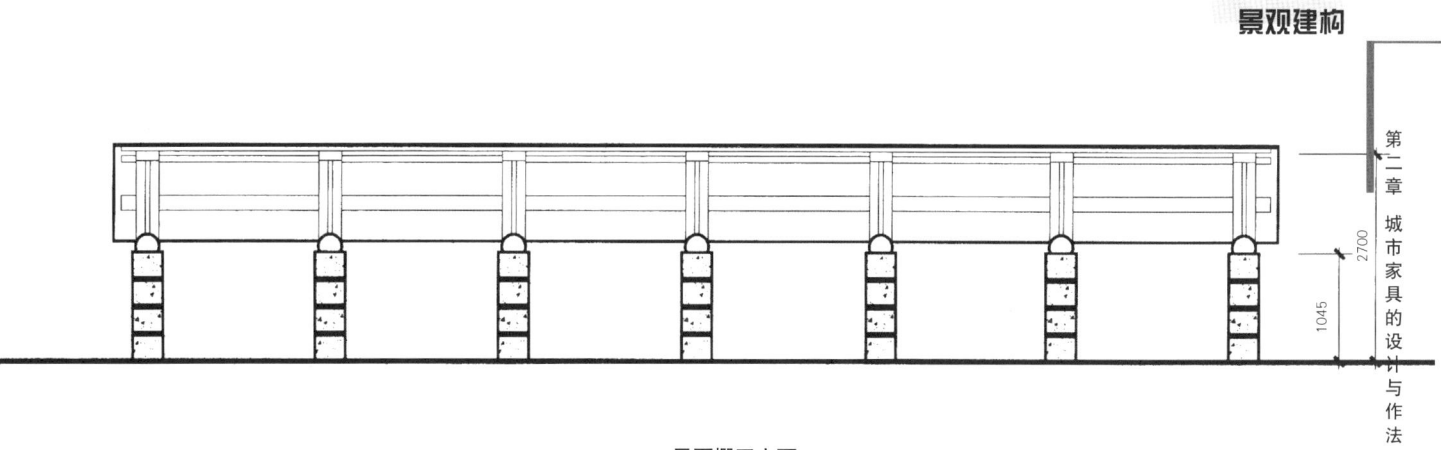

风雨棚正立面

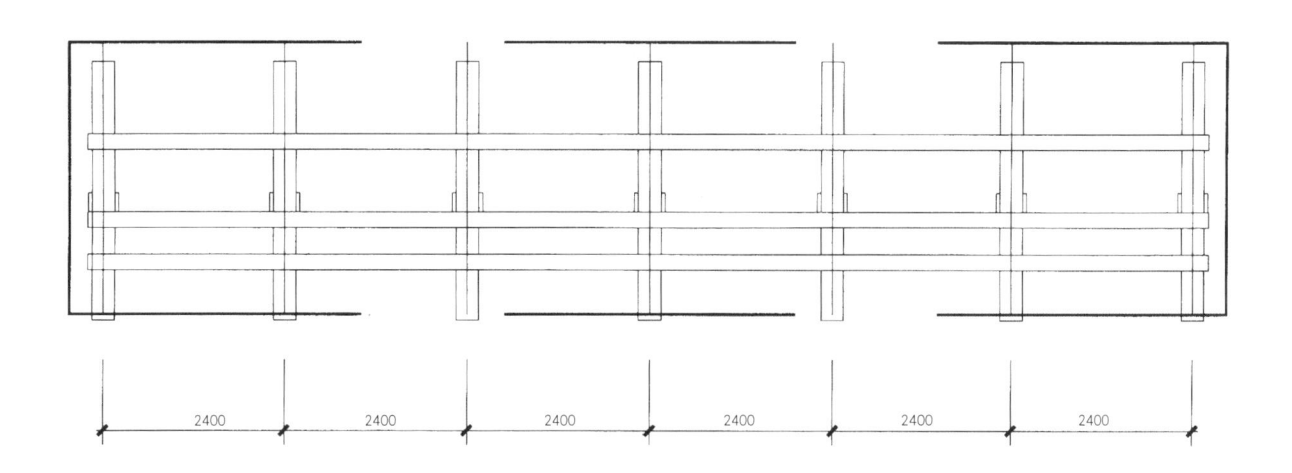

风雨棚平面

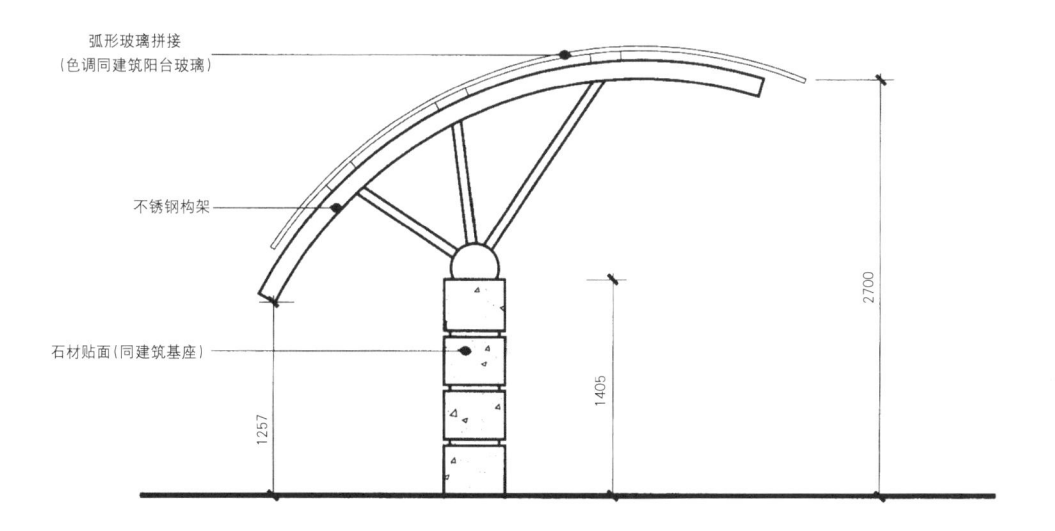

弧形玻璃拼接
(色调同建筑阳台玻璃)

不锈钢构架

石材贴面(同建筑基座)

风雨棚侧立面

图 2.4.6k

四、电话亭

电话常可放入各种封闭的空间内。现在很多这样的"小单元"已被设计得可避雨和隔音,还有防破坏的硬币收集箱。(图2.4.7)

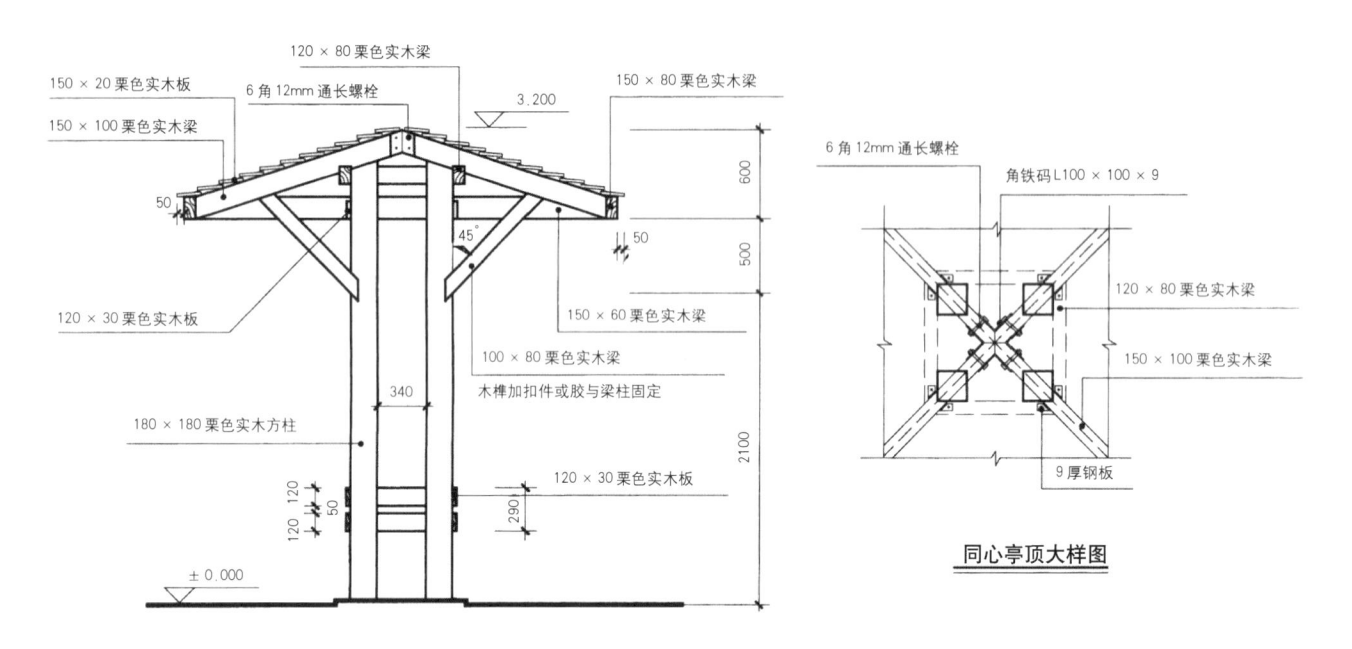

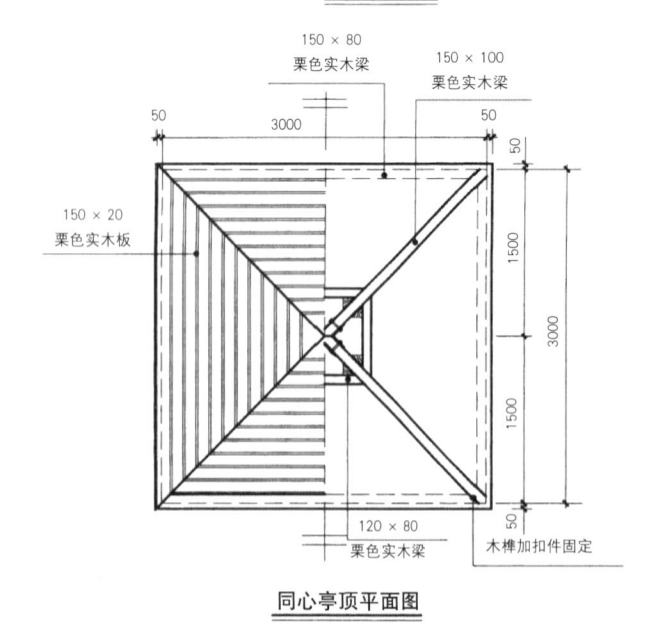

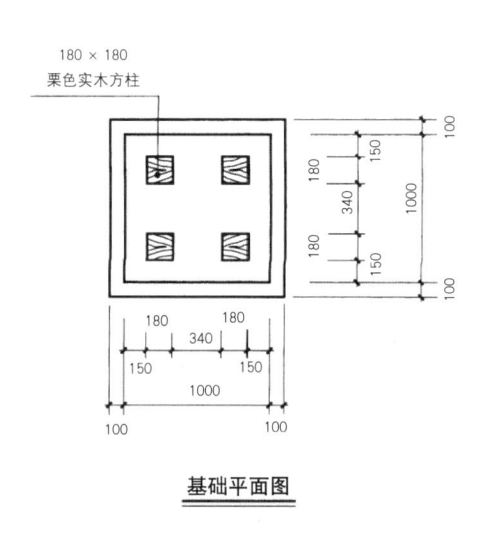

图2.4.7

（五）公交汽车亭

这些设施通常用在都市中，如在步行街上就是很普遍的。它们在天气恶劣时既可提供庇护所，同时结合广告、宣传、标识等进行展示，也成为都市文化传播的有效载体。(图2.4.8a～2.4.8b)

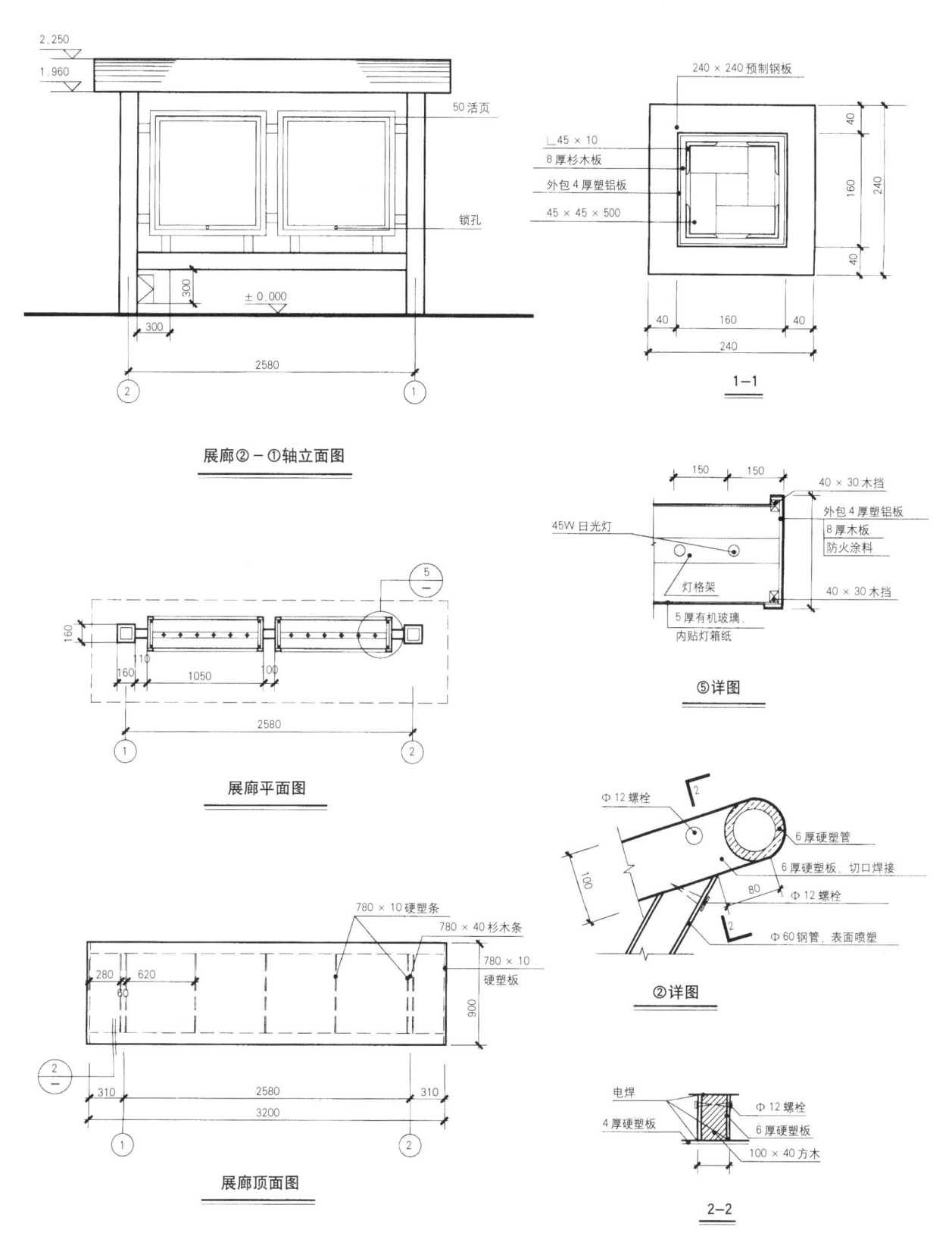

图 2.4.8a

/ 全国高等院校环境艺术设计专业规划教材 /

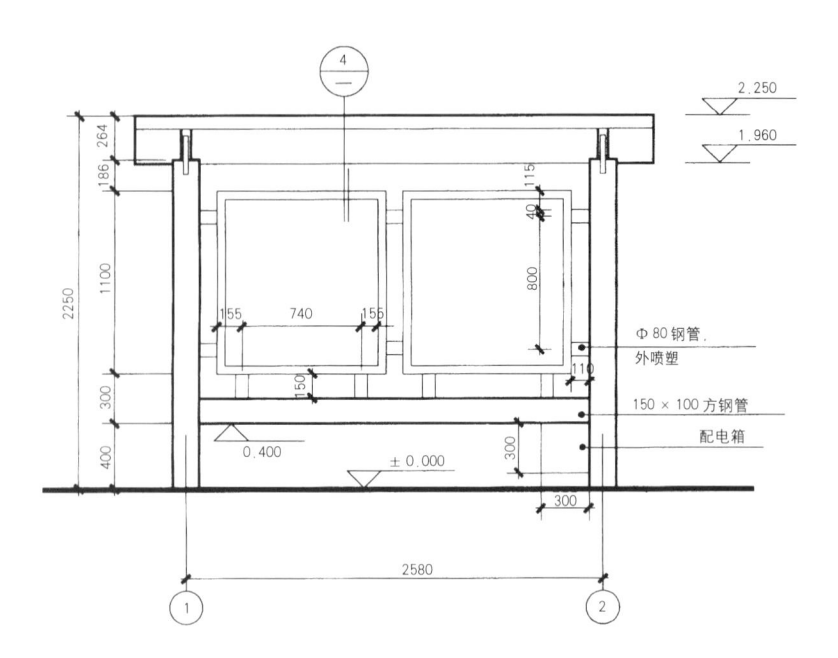

展廊①－②轴立面图

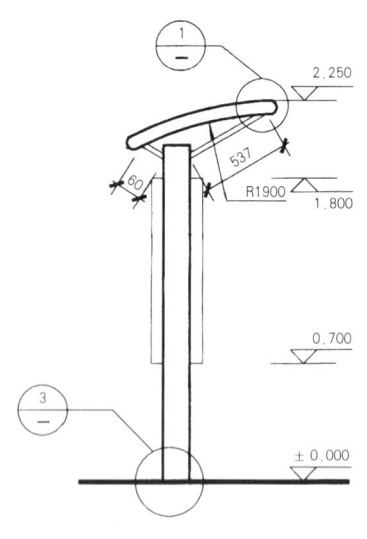

展廊侧立面图

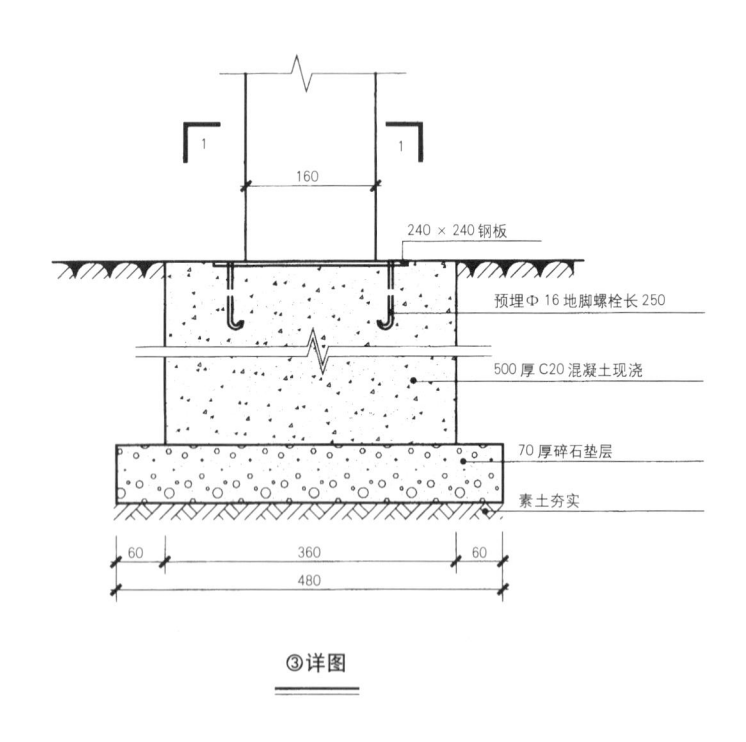

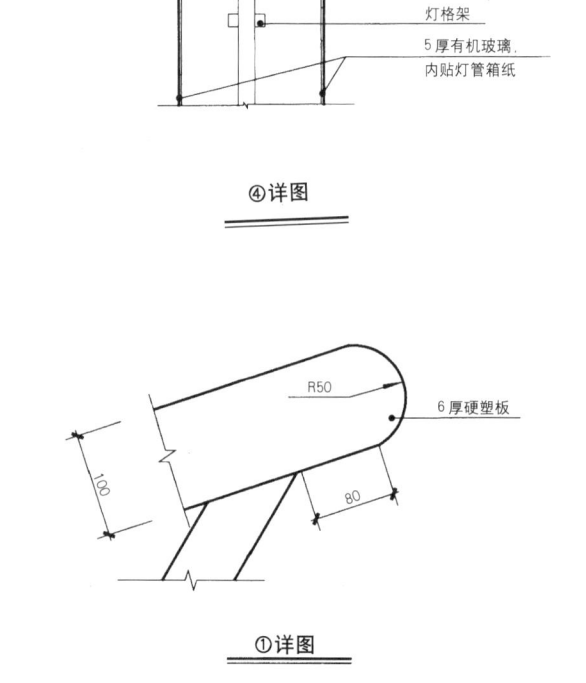

③详图

④详图

①详图

图 2.4.8b

（六）饮水喷泉

饮水喷泉作为步行区的功能要素，由很多材料做成，包括混凝土预制件、金属、石头或石板。有些可特意设计出可容轮椅的空间，有些加上了防冻阀，这在气候寒冷时使用是很理想的。(图2.4.9)

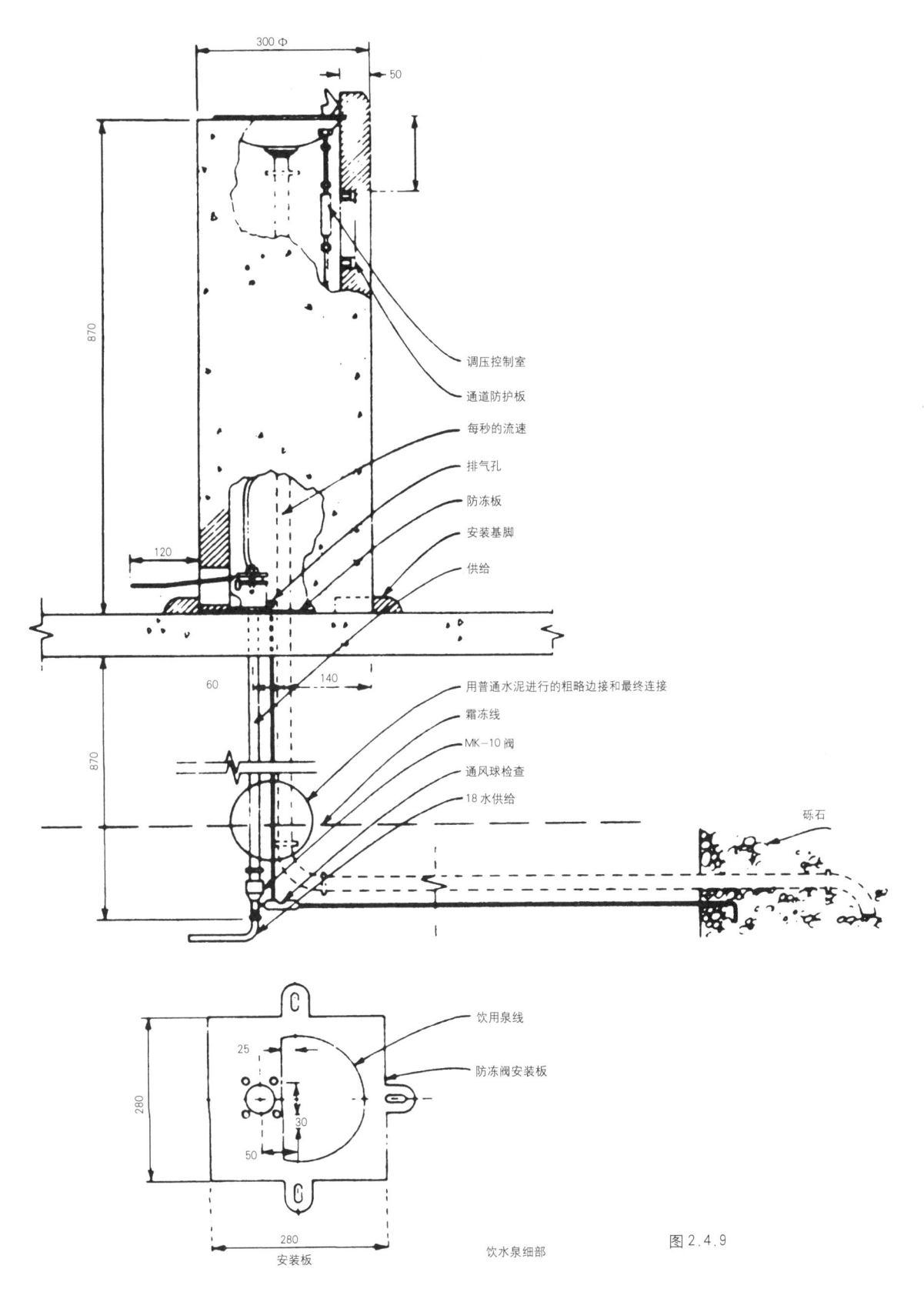

图2.4.9

(七) 旗杆

旗杆用在广场或与入口地区毗邻时，可作聚焦要素。它们也增加了空间色彩，可被照亮，然后在夜晚发挥作用。旗杆常以"组"出现，以增加额外影响。可与不同高度的建筑物以一定比例进行良好的搭配。(图2.4.10～图2.4.12)

图 2.4.10

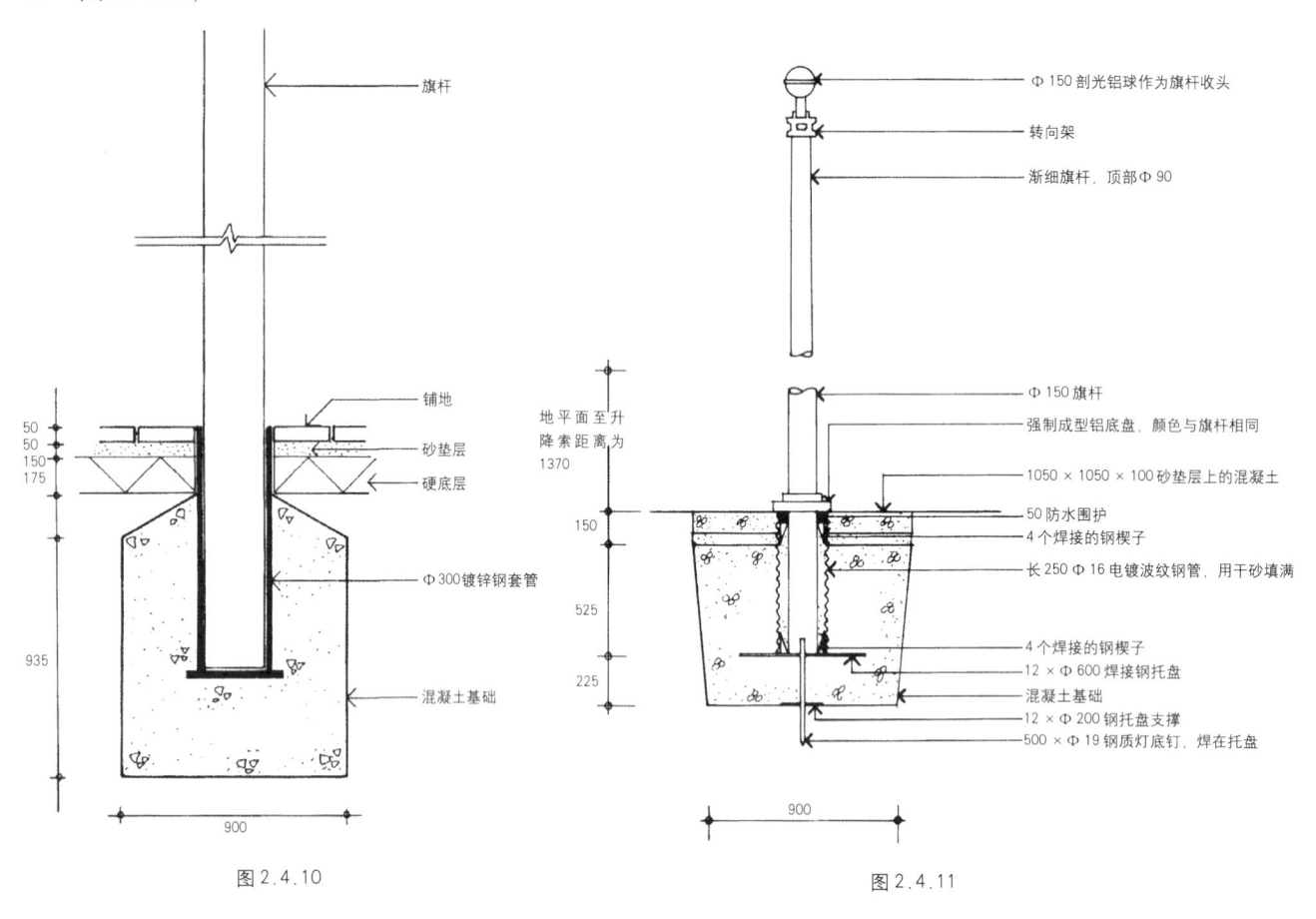

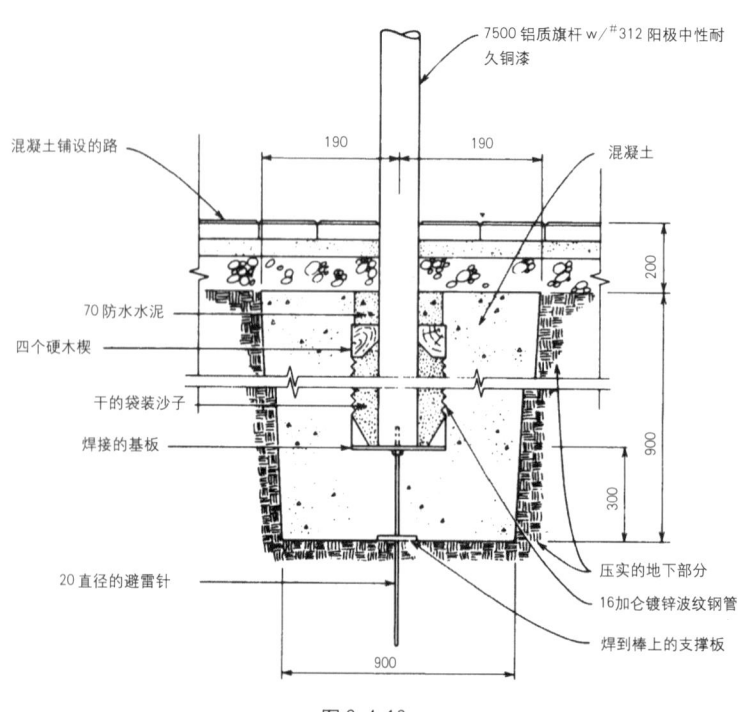

图 2.4.11

图 2.4.12

（八）自行车架

自行车架是城市公共区域使用频率较高的设施之一，它通常被安放在道路两旁、步行街入口区、广场或与入口地区毗邻处。自行车架的构造材料很多，主要包括混凝土预制件、金属等。(图2.4.13～图2.4.16)

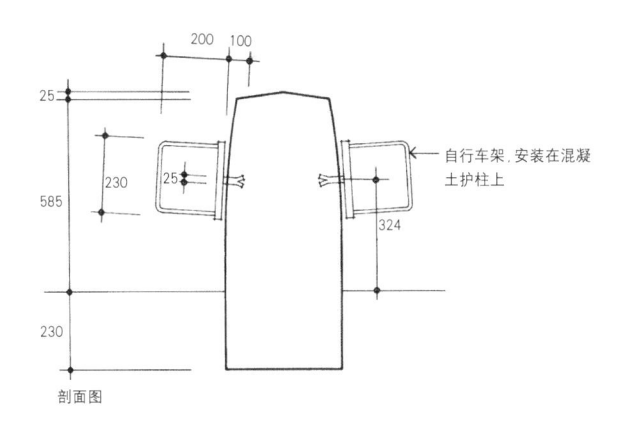

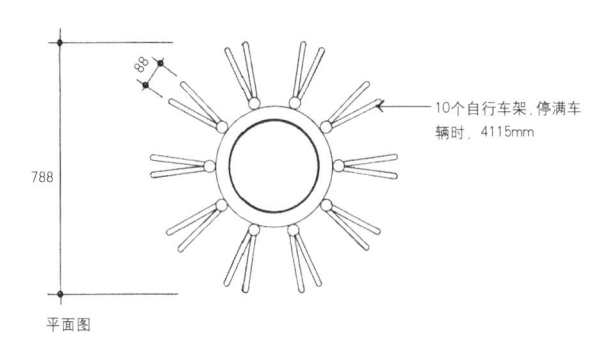

图 2.4.13

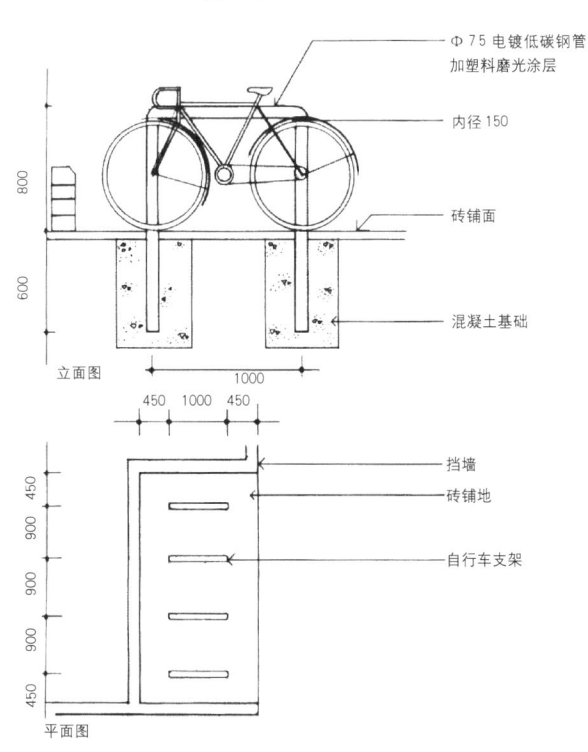

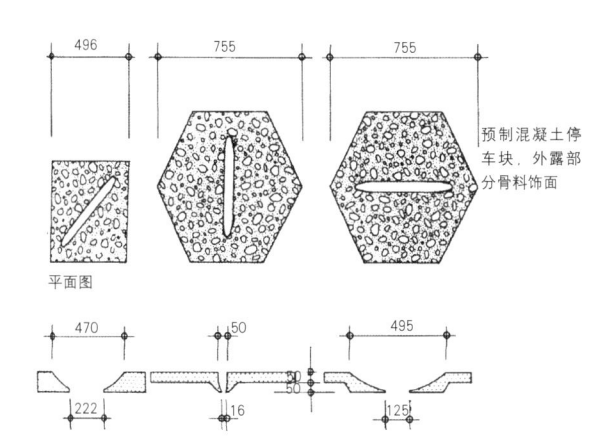

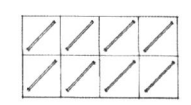

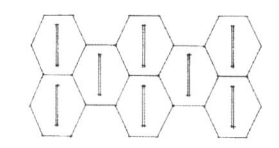

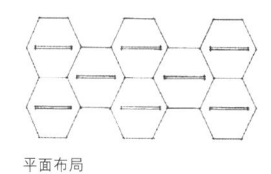

图 2.4.14

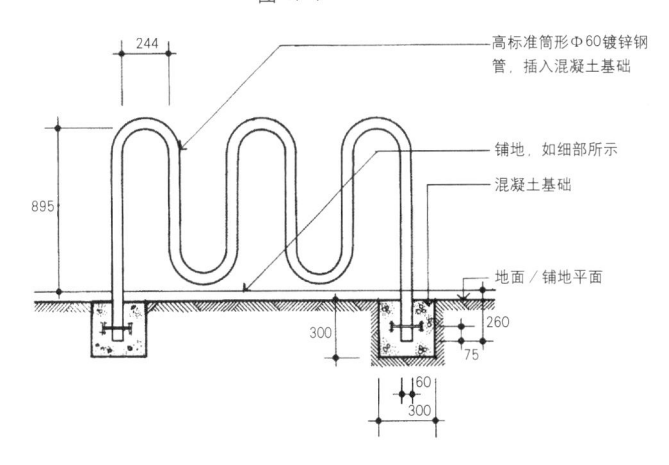

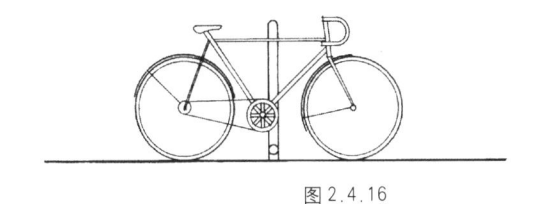

图 2.4.15

图 2.4.16

（九）扶手

扶手是步行区的功能要素之一，这是体现城市公共空间人性化的一个物质标准。扶手除了基本功能要求外，它的风格和形式可以是多样化的。造型简练、线条明快、安全耐用，以及材料多元组合，包括混凝土预制件、金属、木或砖石等。(图2.4.17～图2.4.18)

三、施工

在以上这些公共服务设施中，每一种都有各自的施工要求和条件，除了咨询城市市政事务管理部门的相关法令和规定外，我们还应该充分思考这些公共服务设施和所处环境的协调问题，使其创造出优美的城市景观亮点。

思考题

1. 通常垃圾筒的形态取决于所在的位置，所以它与地面的连接方式各有不同，分别列举出有哪些？每种连接应考虑哪些环境因素？

2. 在设计街道小亭时，亭子的形态往往受构造方式的直接影响，此外，还受到哪些因素共同制约？

3. 在设计城市公共服务设施时，除了使它们与所处环境相协调外，还应满足哪些设计和评价的标准？

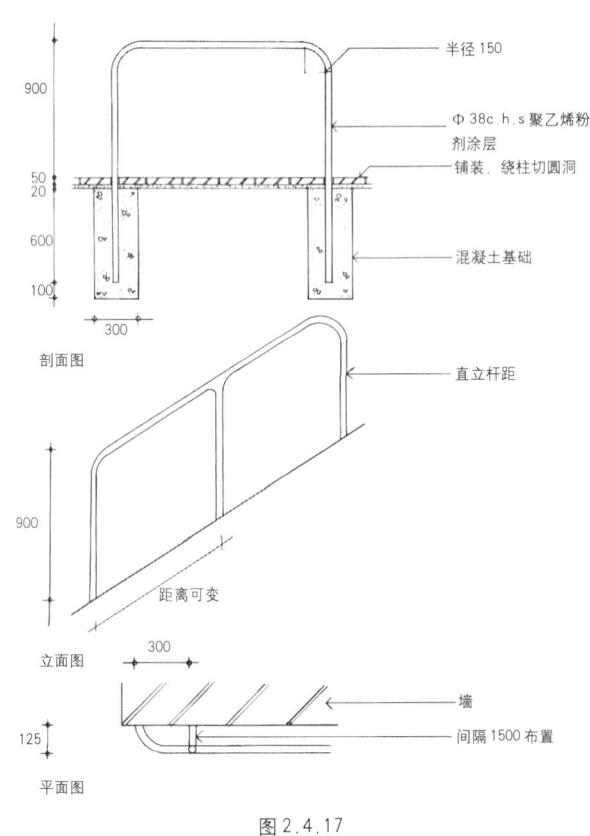

图 2.4.17

图 2.4.18

第三章
城市公共空间的绿化设计与作法

第一节 城市屋顶绿化

一、设计

随着城市中心区域的扩大和相关土地价值的增加，屋顶绿化常常以屋顶花园的形式存在于市内敞开空间，已成为公共开发和私人开发的重点。然而因为防水处理的问题，特殊植物要有器皿装起来，土壤混合、浇灌等原因使得屋顶花园花费较大，并非任何设计类型都可进行。

城市对人行通道的需要也可通过提供屋顶敞开空间来满足，这些空间可把公路噪音和交通影响不到的高层建筑物连在一起。这些敞开的空间在市中心制造一种"绿洲"感，也为屋顶广场之上的高层建筑物提供了美好景色。

在街道平面之上的屋顶花园的高度略微高于地面的花园，例如在一、二层高的停车场上头的花园到那些高层建筑物上面的花园，其高度各不相同。到达屋顶花园的方便性影响到使用这些敞开空间人的数量。略微高于公路的花园最容易接近，也许不需要台阶或斜面区。这些显然有利于残疾使用者。再高些的花园可能需要自动电梯或升降机来到达。为了安全起见及为了使用者心情安稳，根据街道平面之上的高度，需要各种各样的安全栏杆、墙或其他形式的物质或心理防护措施。

尽管屋顶花园结构厚度是由结构工程师设计的，但建筑师和景观建筑师一定要认真同工程师一起共同处理屋顶花园的设计要素以使结构要素能容得下它所承受的负荷。喷泉、雕塑和种植区是很重的，而垂直要素如灯柱、旗杆等需要足够的深度来落脚或需加底座来承受风力。

正常情况下，结构工程师可修改结构系统以便承受构成要素的额外重量。另外一方面，景观建筑师可能不得不使用形态较小的植物种类、轻型的混凝土或其他铺垫材料、轻型土壤混合物，以及为灯具等固定类设备而进行特殊的设计。

二、构造

(一) 防水处理与排水

因为花园的混凝土地面也是下方结构的屋顶,混凝土地面的防水处理也成为重中之重。有几种防水膜,一些是液体的,可提供一个不间断的薄层;有些是橡胶片,有上胶的重叠连接点,有以片状出现,互相重叠,彼此粘连。通常建筑工程设计者选择防水系统和保护板以防止施工中防水膜的渗透,而且限制排水管渗透数量、水管、电路,以及像喷泉设备这些项的数量也是很重要的。防水器材生产商认证的安装人员来安装防水器材是对工程的保证之一。在工程设计中也要求进行防水检测,以保证花园施工过程中没有漏水现象。

同时要考虑防水方面的维护工作以防止漏水。开放的植物床容易维修,铺垫材料也可设计成易于维修的形态。铺垫材料可放在沙或沙子沥青上,或者铺垫石的角落可设在金属支架或混凝土锥体上的防水设施上面。如果今后出现渗漏,铺垫石可以很容易地被移开。

在较大的建筑(工程)公司中,景观建筑师除了植物墙、喷泉和其他花园或广场构成外,经常还设计出很多防水细节处理。(图3.1.1)

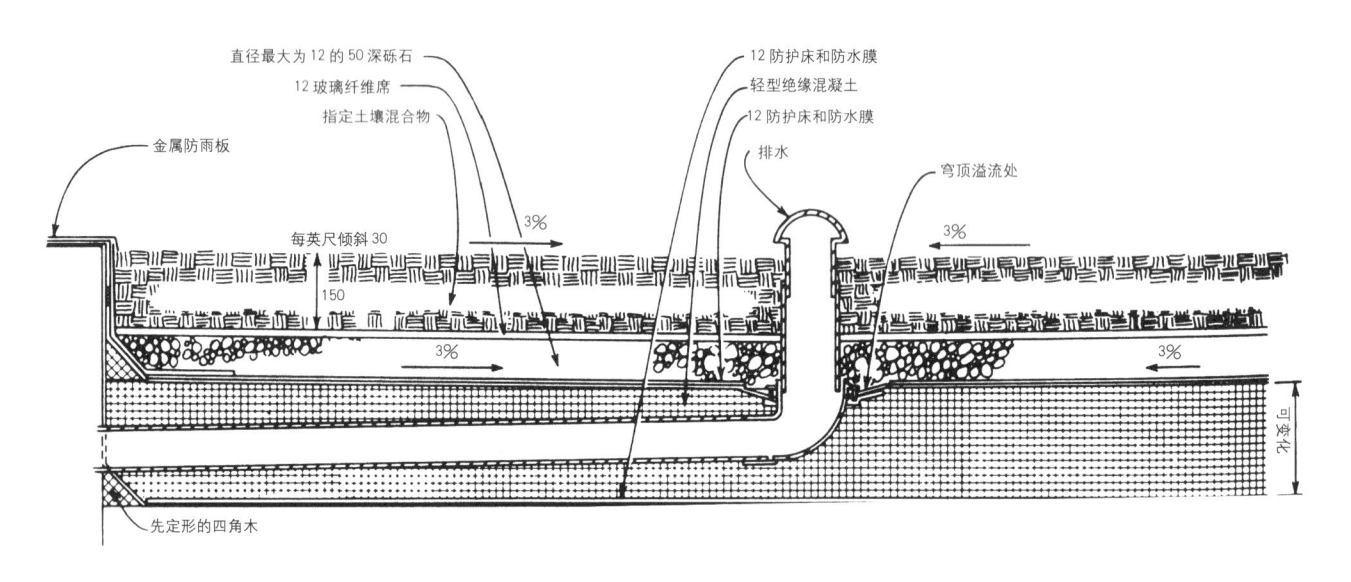

图3.1.1

屋顶花园有好几种排水方式:

(1) 有时可以铺上设有倾斜度的屋面板,上面铺设的轻型材料斜向排水装置的最低点。径流可由地面上两个水平的排水装置排走,在有明缝铺垫系统中,水在植被或铺垫表面下流过,通过上面的系统,水将直接流到排水处。

(2) 在有的系统中,屋面板是倾斜的,以致流经连接处的开放系统或植被水流可流进屋面板上的排水处。

(3) 在某些系统中,混凝土地面是平的,在铺好的地面上有倾斜的排水装置以恰当的低度安在地面上,以接纳水流。在上述这类的表面铺垫里的连接处是密封的。在表面下放排水装置或使用两个平面的排水装置都是可能的,但因为这类系统的混凝土地面没有斜度,渗透水很难到达排水区,在寒冷的冬季,可能结冻造成损坏。

（二）树坑排水

在树坑或灌木床上，地面应该有坡度，在低处有排水的地方，在许多情况下，带孔的管子用来帮助接水且把水送往排水处。120mm厚的砾石放在排水处表面，整个植物架底部砾石上面都有一个土壤分隔层以防止土壤混合物阻塞砾石。

这样的植物架中的排水系统也应在设计中加以考虑。(图3.1.2、图3.1.3)

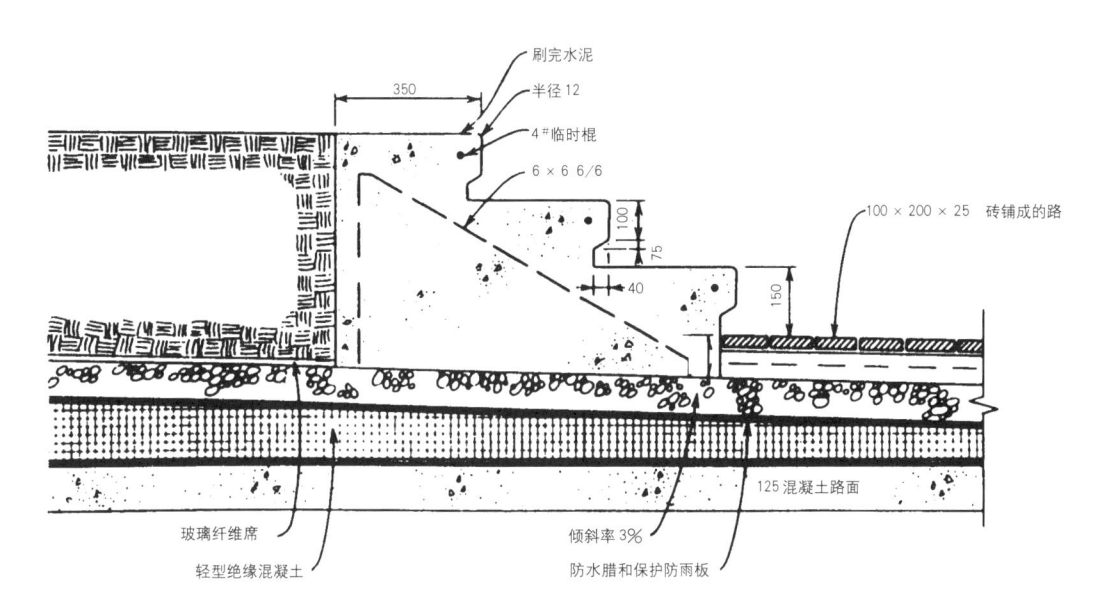

图 3.1.2

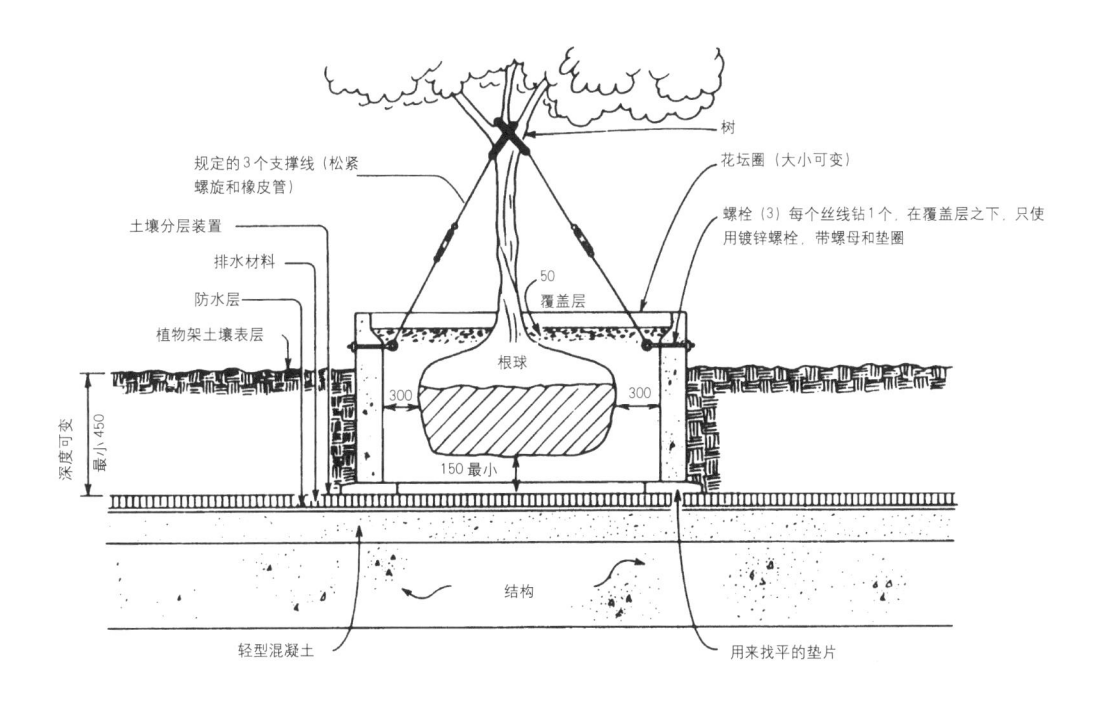

图 3.1.3 树木种植细节

(三) 种植和灌溉

当涉及土壤混合物、重量、灌溉、排水系统、植物材料时，屋顶花园的种植要求就变得很独特了。结构系统一定要设计得可以承受种植区的树的重量和其他不同物质的重量，如混凝土植物架、土壤混合物、砾石和树都要计算。这些要素的重量可达10吨~15吨。如果这个结构设计得不能容纳48054千克/立方米的上层土壤及直径为34千克~45千克的一棵树的话，它可能不得不进行修改以承受住预测的重量或需要一个新的设计方案。(图3.1.4)

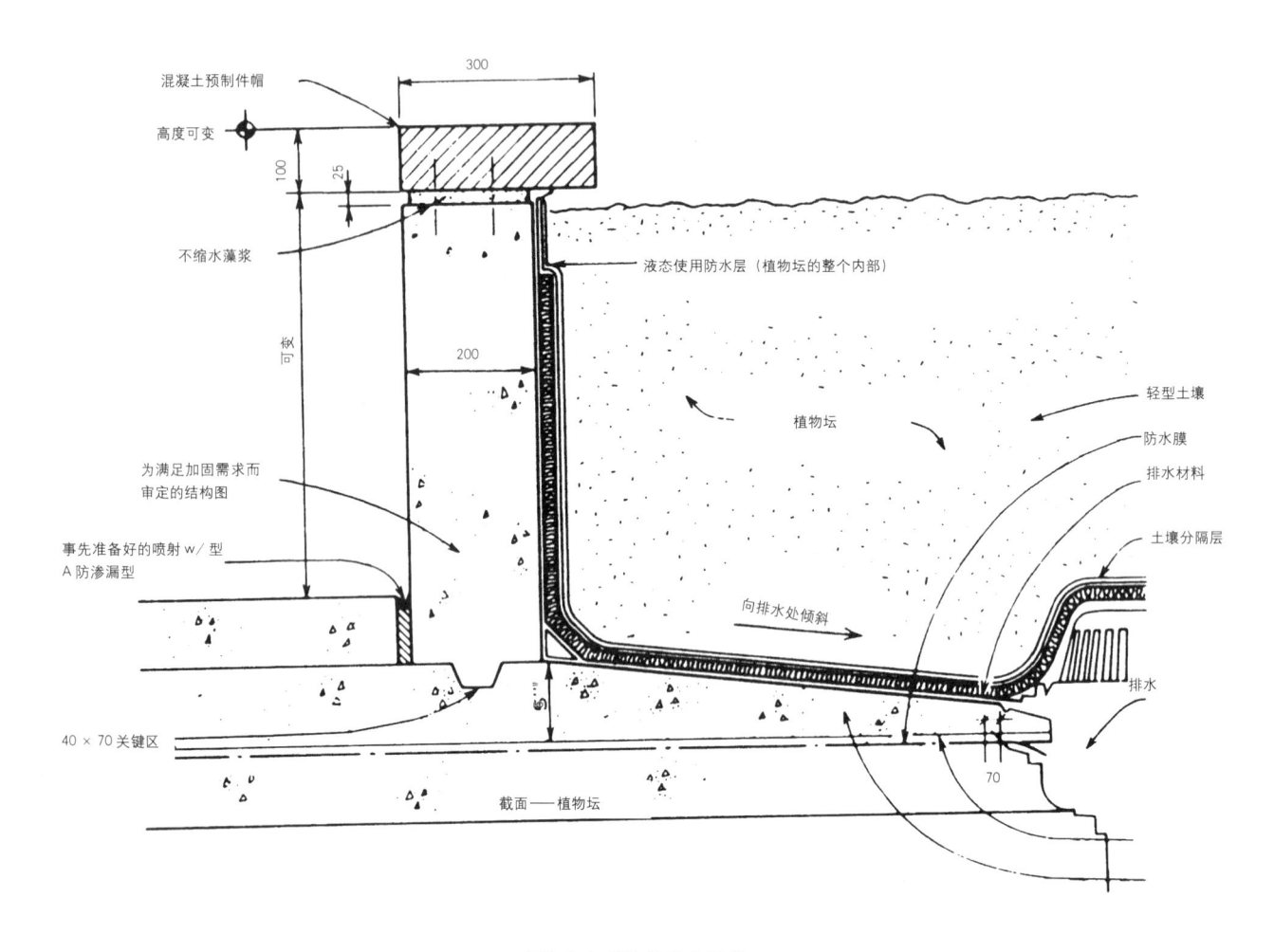

图3.1.4 植物坛排水细节

(四) 植物容器

植物容器可以是任何形状的，它们常常是建在广场上，但是在屋顶绿化中容器可同广场一样高。下列的深度对于植物容器来说是最理想的。

1. 对于土壤混合物和砾石来说，大树需要最小深度为1200mm。容器直径2100mm~3000mm或树坑延长到同树冠同宽为最好。

2．小树只需最小深度为600mm至900mm，容器直径为1200mm至1800mm。

3．中等大小的灌木最小深度为600mm至750mm，容器直径为750mm至1440mm。

4．小灌木的最小深度为540mm至600mm，容器直径为450mm至600mm。

5．草坪区需要土壤深度为150mm至300mm，建议土壤下铺砾石。

（五）灌溉

屋顶花园应准备供应自动灌溉的软管围嘴和供人工浇灌的东西。如果在植物架表面，能单独浇灌而不需从下面渗水饱和的是最好的。在这种情形下，维护人员可见到过饱和情况。在升高的植物架中，水分蒸发要比种植在广场上时多得多。(图3.1.5)

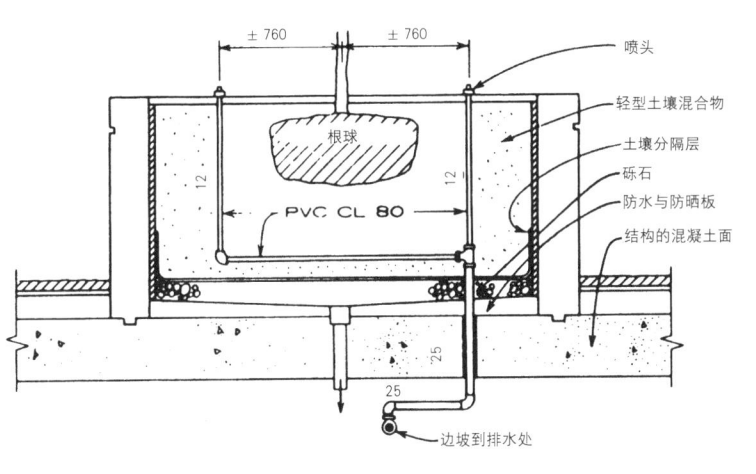

图3.1.5 植物架的灌溉喷泉

三、施工

土壤混合、支撑和耐寒

随着地区位置的不同，土壤混合物也不同。因此，某一特定地区的混合物和营养需由园艺师检查。例如提供树阴的树木，其土壤混合物从体积上看1/4～1/3可以是筛选的上层土壤，1/3～1/2是粗沙，1/4～1/3是泥炭苔藓土。轻型材料如珍珠岩也可用在混合物中，或用其他沙来代替。

树的支撑可通过在植物架墙上放置钩子或桩橛来达到，如果大树种在风大地带，而那里树根生长受到限制，就有必要永久性地用不锈钢或包上塑料的镀锌钢来支撑树。

大部分植物种类对于要种植它的地方来说是耐寒的。鉴于植物材料种在屋顶，条件较差，所以这一点尤为重要。因为铺垫材料有额外的热量，植物架升高水分蒸发多，长根支撑华盖的地方又有限，因此，需要常修剪。浇水不足造成回枯，多喷浇对于虫病问题是必要的。

思考题

1．在屋顶绿化设计过程中，防水处理是重中之重，为了保证没有漏水现象发生，有哪些行之有效的措施？

2．在已建成的建筑屋顶作绿化设计时，除了考虑排水方向，还要做哪些技术处理？

3．树木的种植除了需要足够的土壤深度以外，还需要采取何种办法增强抗风性？

第二节 广场街道绿化器具

一、设计

（一）充满律动的绿色隧道

具有轴向的通道，若能妥善运用植栽，常常能够得到极佳的视觉与生态效果。例如车道两旁栽种大量树木、步行街两旁放置活动树池，绿意盎然，俗称"绿色隧道"。随着树种的不同，其呈现的感受也相异。

（二）生机盎然的阻隔手法

体量较小的活动树池，除了装饰外，也可作为阻隔物用以分隔空间。比起人造的阻隔物如栏杆、墙体等，活动树池显得有生气得多，而且也会带来其他物种，如鸟类、昆虫类等，增加群众使用设施的乐趣。

（三）植栽与建筑外表的良好结合

建筑立面的设计本就应该考虑植栽的效果，增设绿化架等设施，减少人工化的程度。此类与建筑结合的植栽种类，攀藤类可说是代表。爬满整个墙面或屋顶的藤蔓，在自然化的"手法"下，不但可防晒、降温，还有强化结构之功能。随着季节的变化，藤蔓植物的生长与枯萎期交替，建筑立面也展现了更丰富的面貌。

二、构造

广场街道的绿化器具种类繁多,它们不但为城市景观空间增加绿意和生机,而且每个器具形式独特,其构造方式与细部详图如下:

1. 花池(图 3.2.1)
2. 花器(图 3.2.2)
3. 树底格栅(图 3.2.3)
4. 树池(图 3.2.4~图 3.2.6)
5. 绿化架、花架(图 3.2.7a~图 3.2.12b)

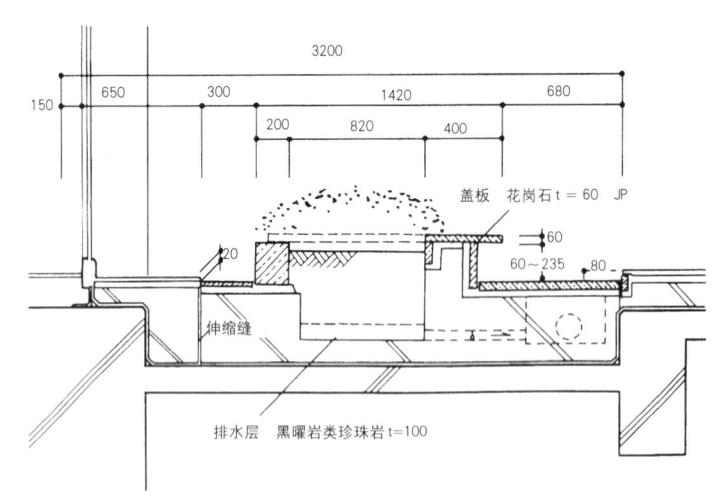

图 3.2.1

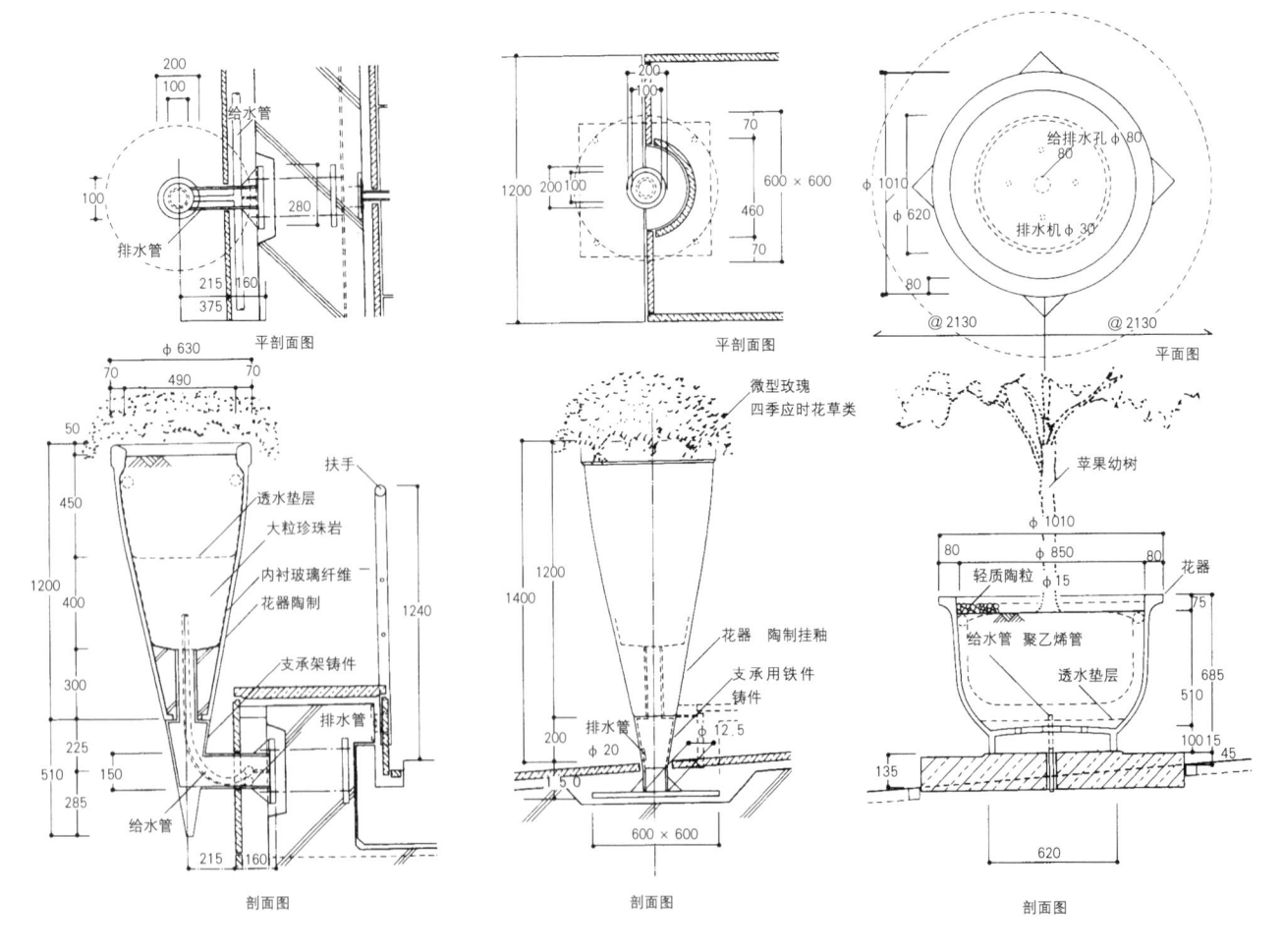

图 3.2.2

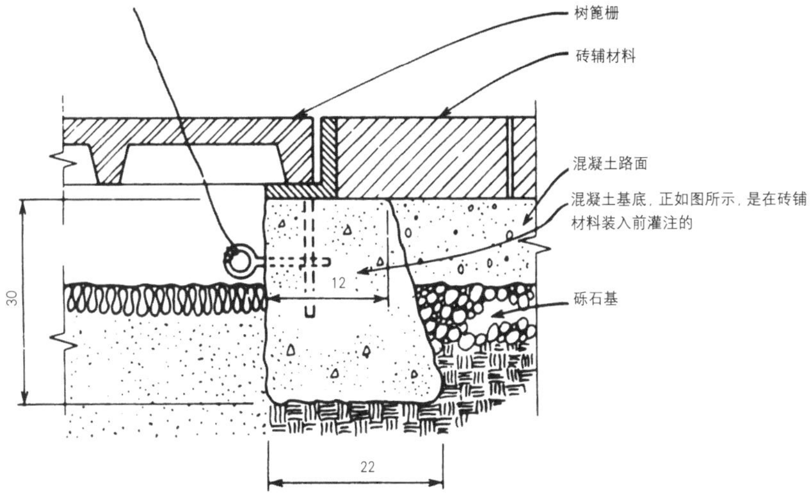

图 3.2.3 中标注：
- 树篦栅
- 砖辅材料
- 混凝土路面
- 混凝土基底，正如图所示，是在砖铺材料装入前灌注的
- 砾石基
- 尺寸：30、12、22

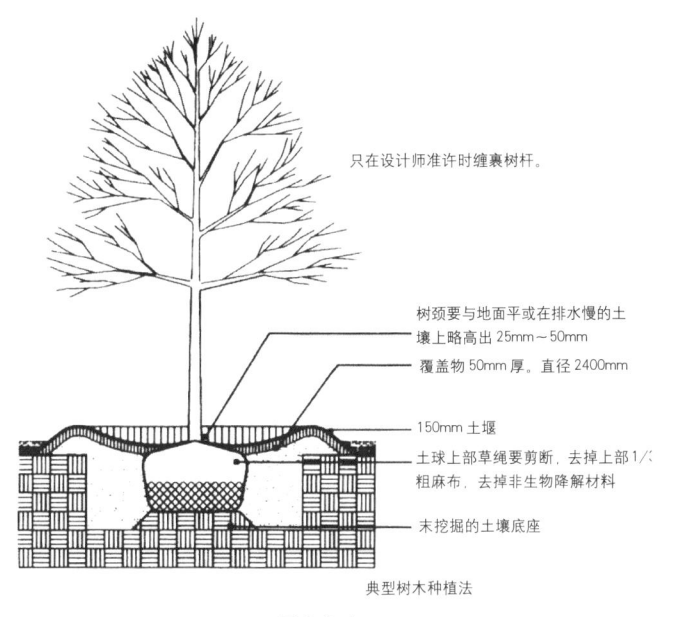

图 3.2.4 典型树木种植法
- 只在设计师准许时缠裹树杆。
- 树颈要与地面平或在排水慢的土壤上略高出 25mm~50mm
- 覆盖物50mm厚，直径2400mm
- 150mm 土堰
- 土球上部草绳要剪断，去掉上部1/3粗麻布，去掉非生物降解材料
- 未挖掘的土壤底座

图 3.2.5
平面：波纹铁皮、树、丁字桩
剖面：
- 断面至少3mm的弧形金属管
- T形金属固定桩40mm×40mm×3mm×250mm 或相当于1200mmO.C 在树冠下
- 现有标高
- 柱桩1/3埋在地下，柱地上部分至少900mm

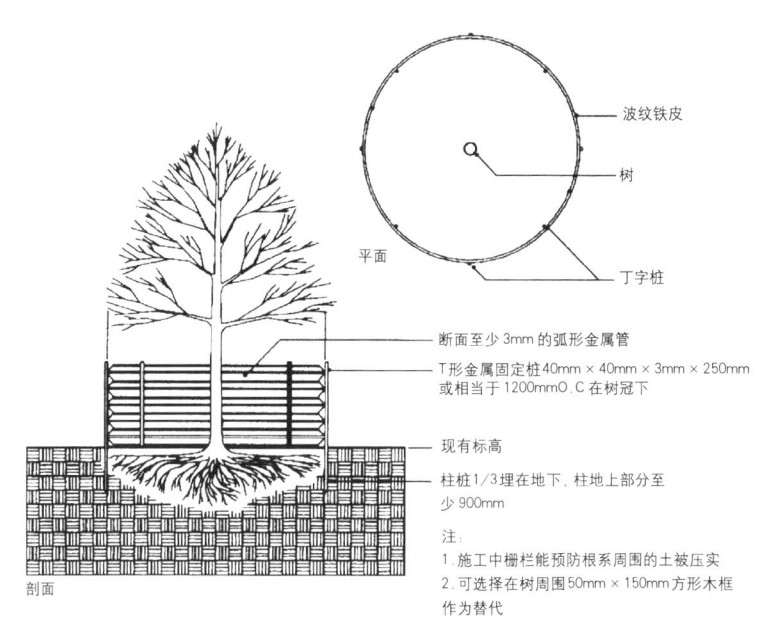

注：
1. 施工中栅栏能预防根系周围的土被压实
2. 可选择在树周围50mm×150mm方形木框作为替代

图 3.2.6
- 树冠投影与根系分布一致
- 至少50mm厚的木板保护树干木
- 木板上部、底部和中部用结实的绳索
- 铁丝或缆绳箍紧
- 填80mm~150mm的夹板覆盖层
- 在树根周围铺20mm厚的夹板来分担车载
- 现有标高

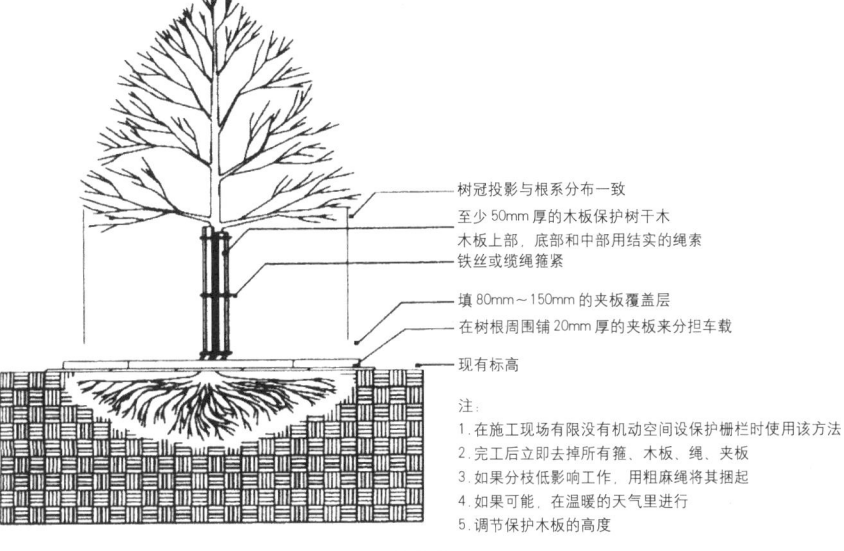

注：
1. 在施工现场有限没有机动空间设保护栅栏时使用该方法
2. 完工后立即去掉所有箍、木板、绳、夹板
3. 如果分枝低影响工作，用粗麻绳将其捆起
4. 如果可能，在温暖的天气里进行
5. 调节保护木板的高度

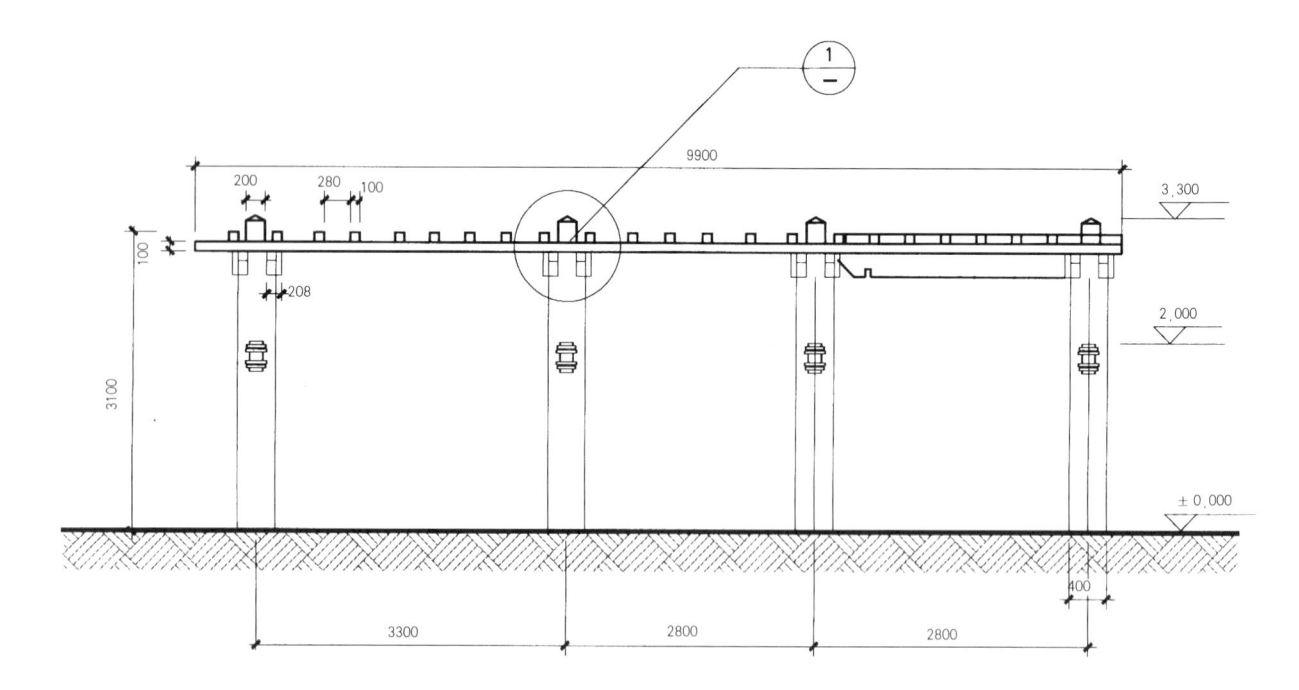

花架立面图

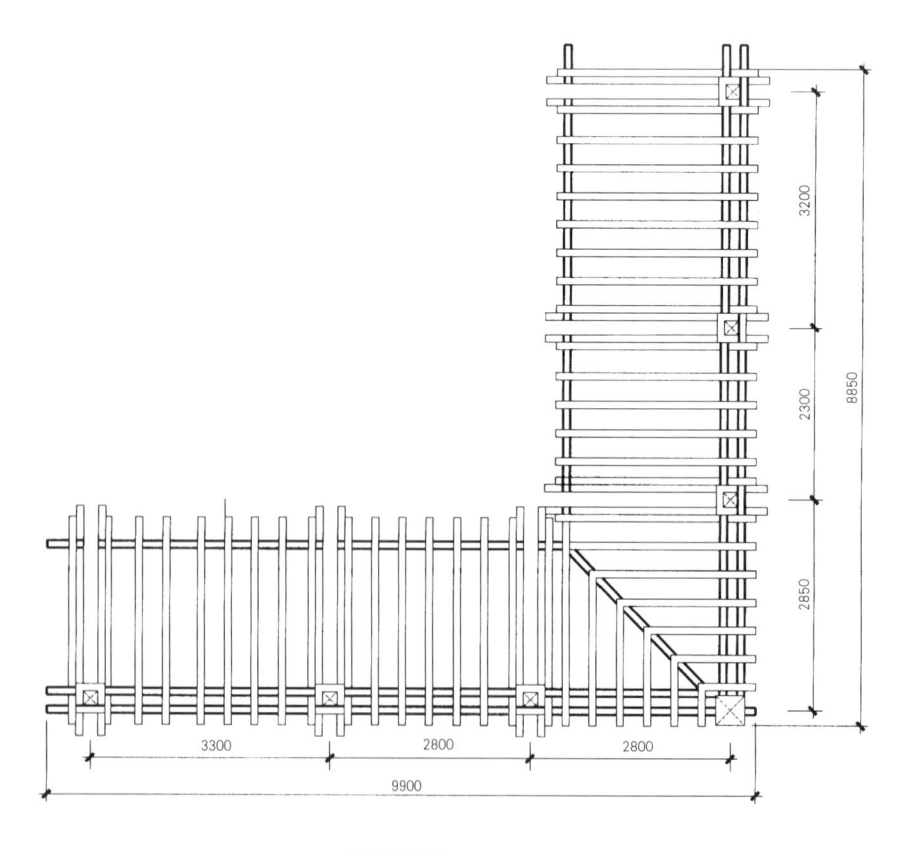

花架平面图

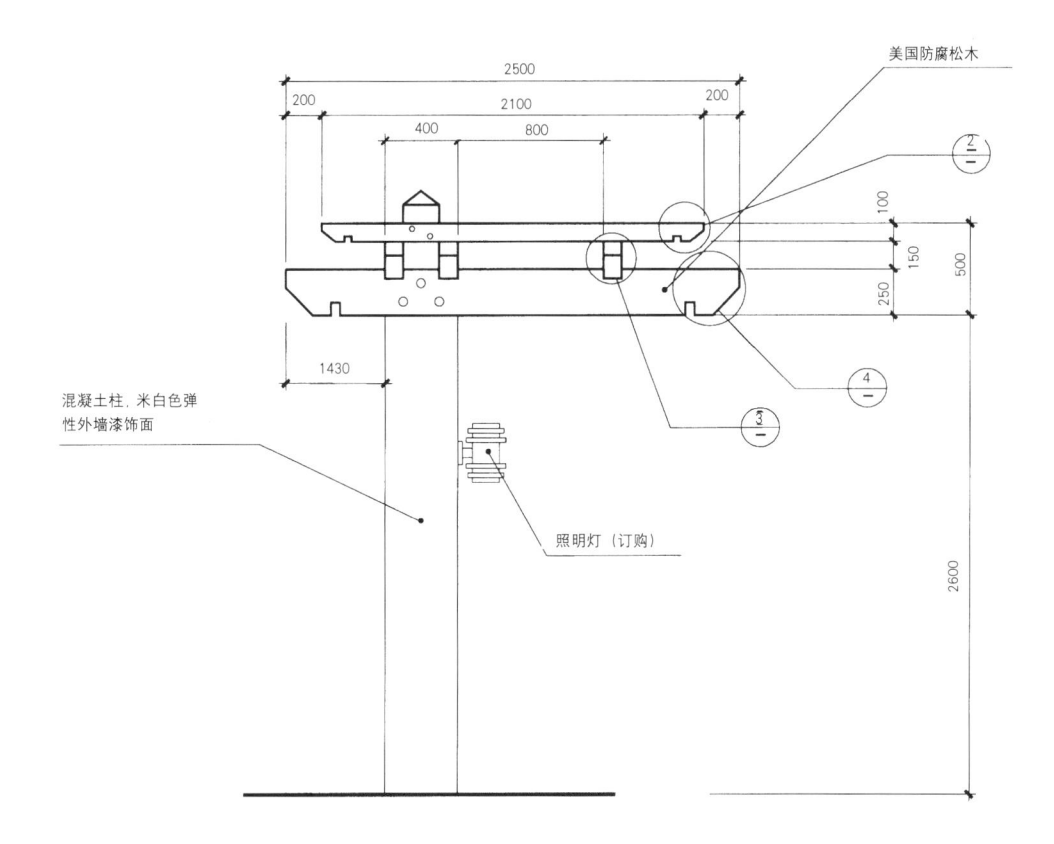

花架侧立面图

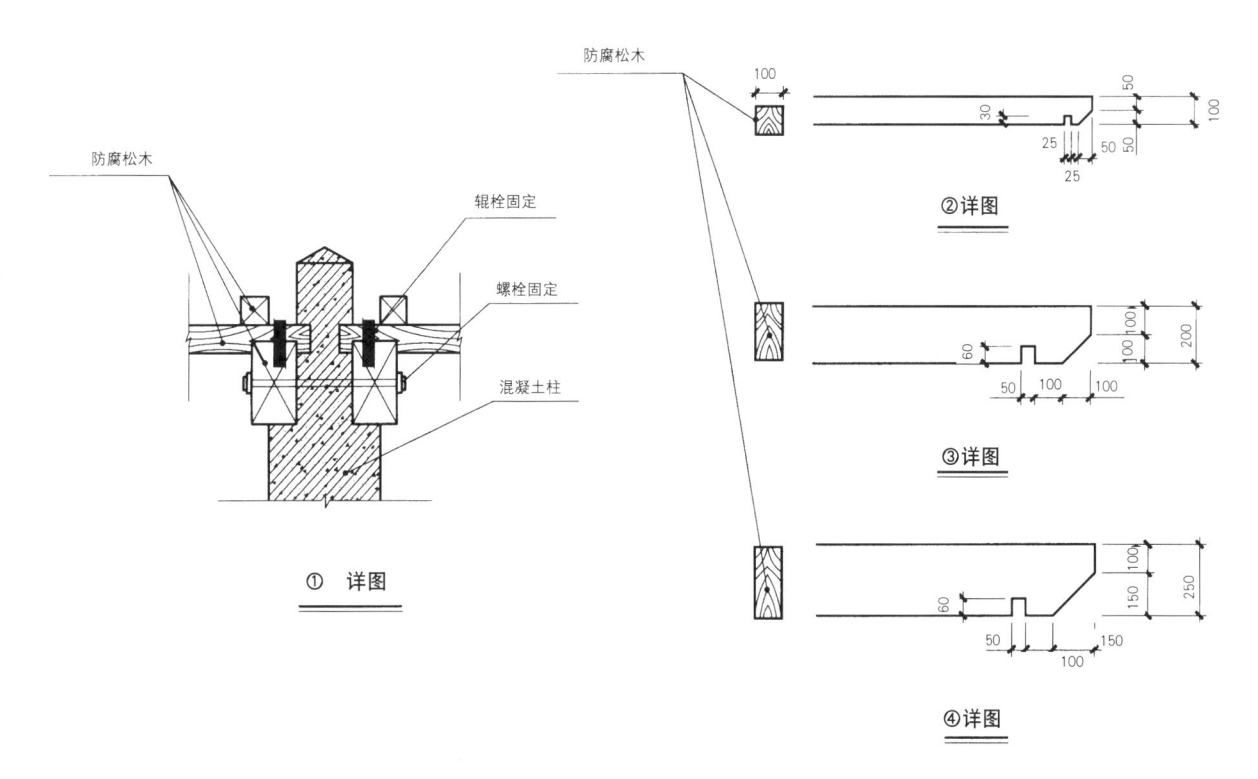

- 美国防腐松木
- 混凝土柱，米白色弹性外墙漆饰面
- 照明灯（订购）

① 详图
- 防腐松木
- 辊栓固定
- 螺栓固定
- 混凝土柱

② 详图
防腐松木

③ 详图

④ 详图

图 3.2.7b

花架平面图

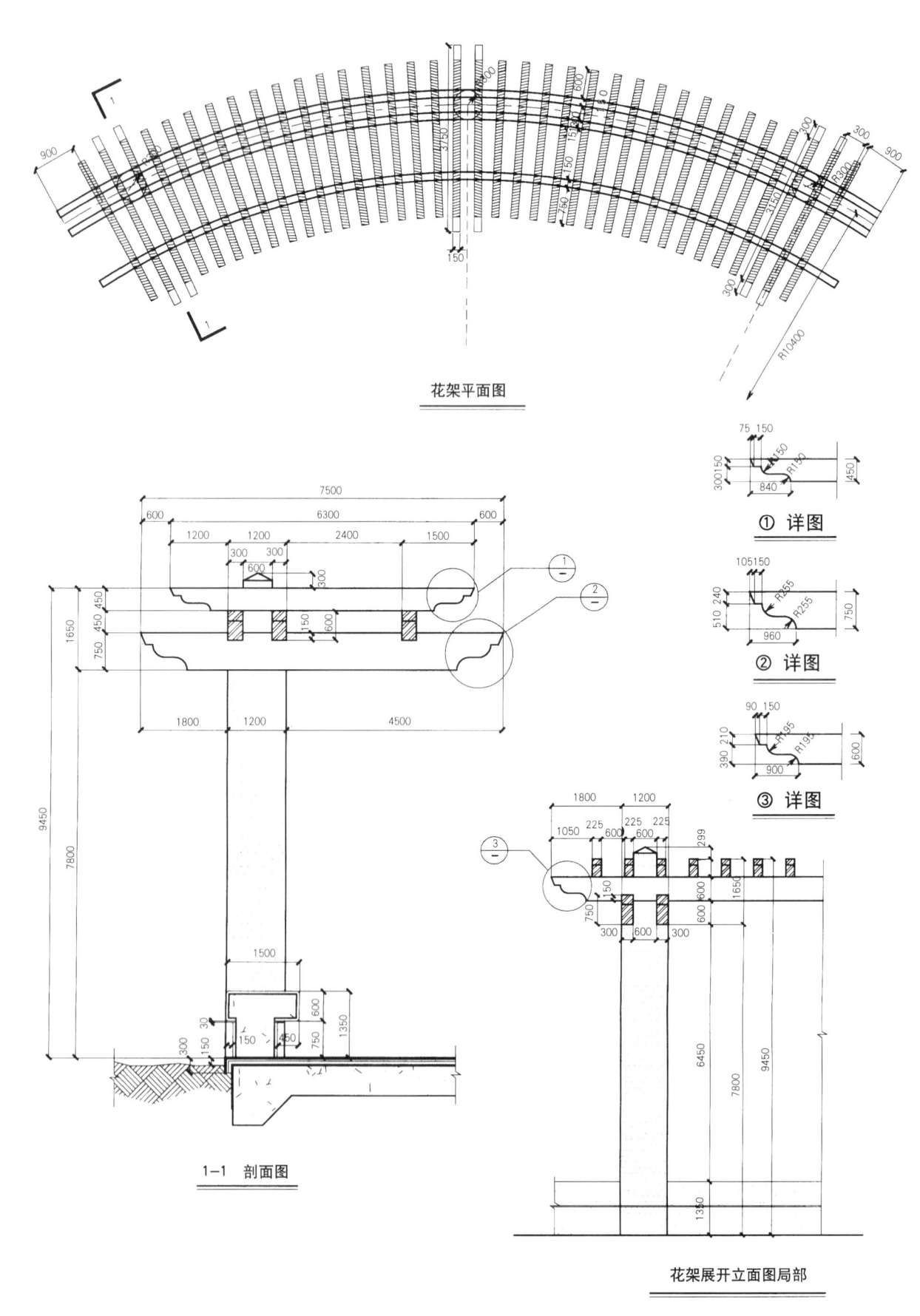

① 详图

② 详图

③ 详图

1-1 剖面图

花架展开立面图局部

图 3.2.8

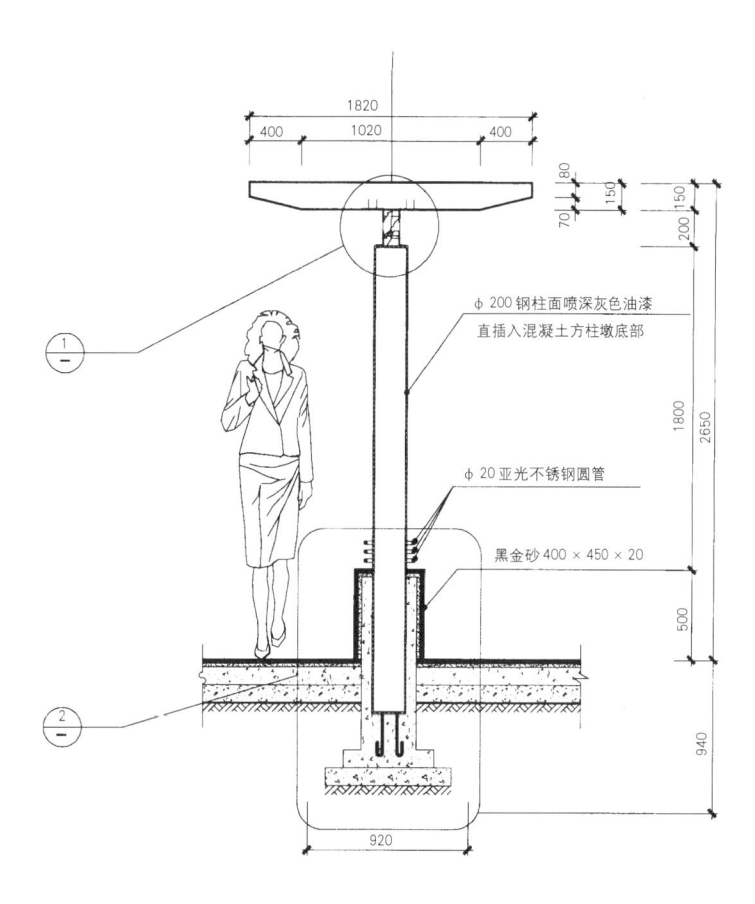

花架廊柱 B—B 剖图

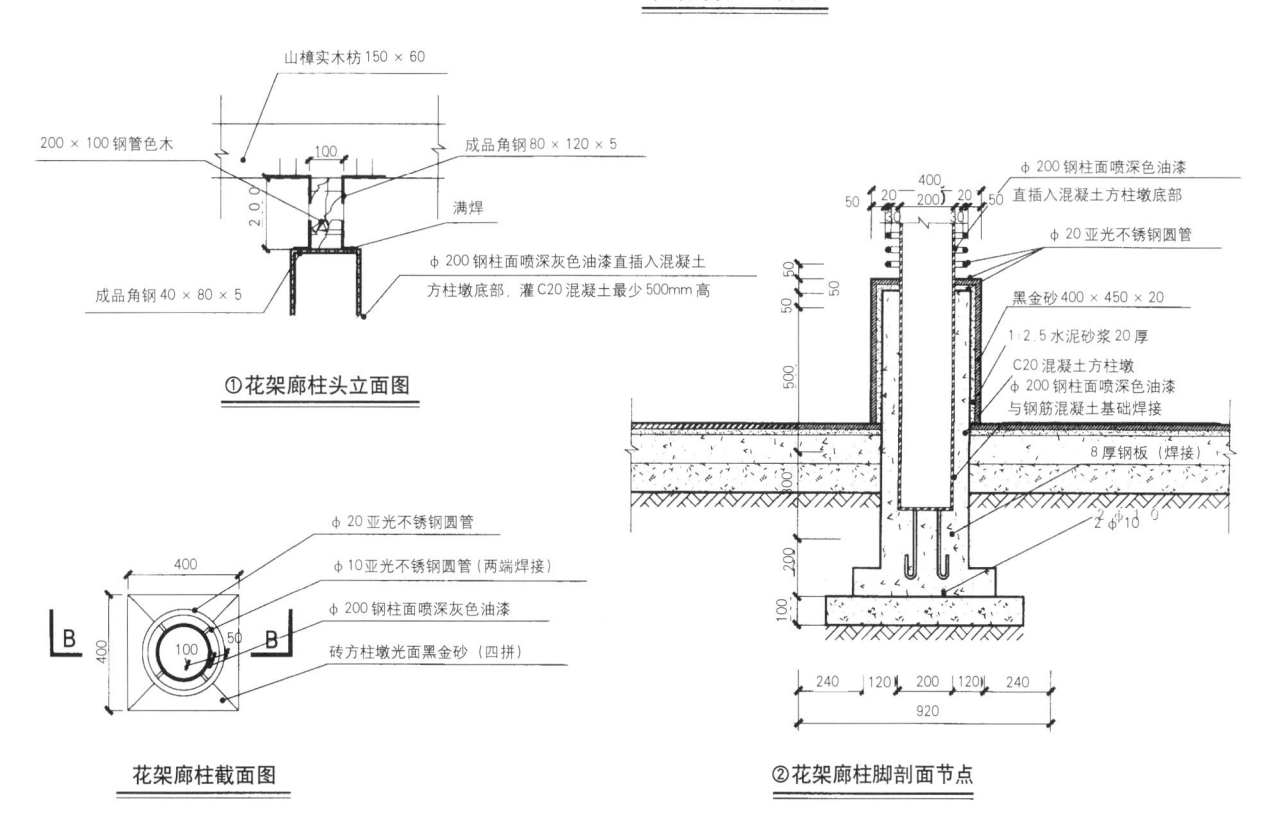

① 花架廊柱头立面图

花架廊柱截面图

② 花架廊柱脚剖面节点

图 3.2.9

剖／立面图

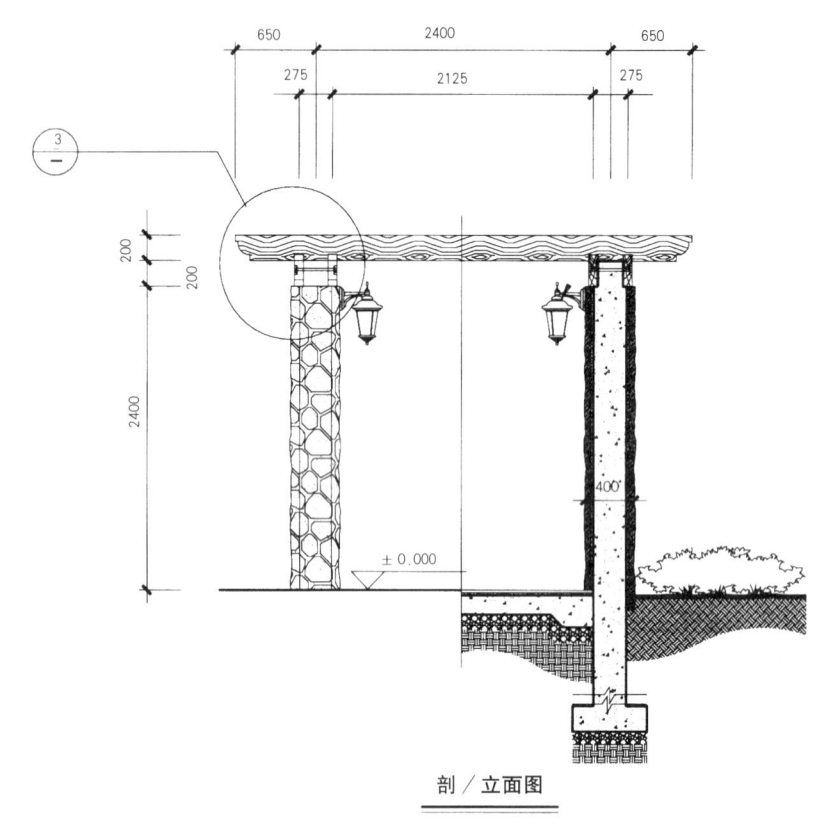

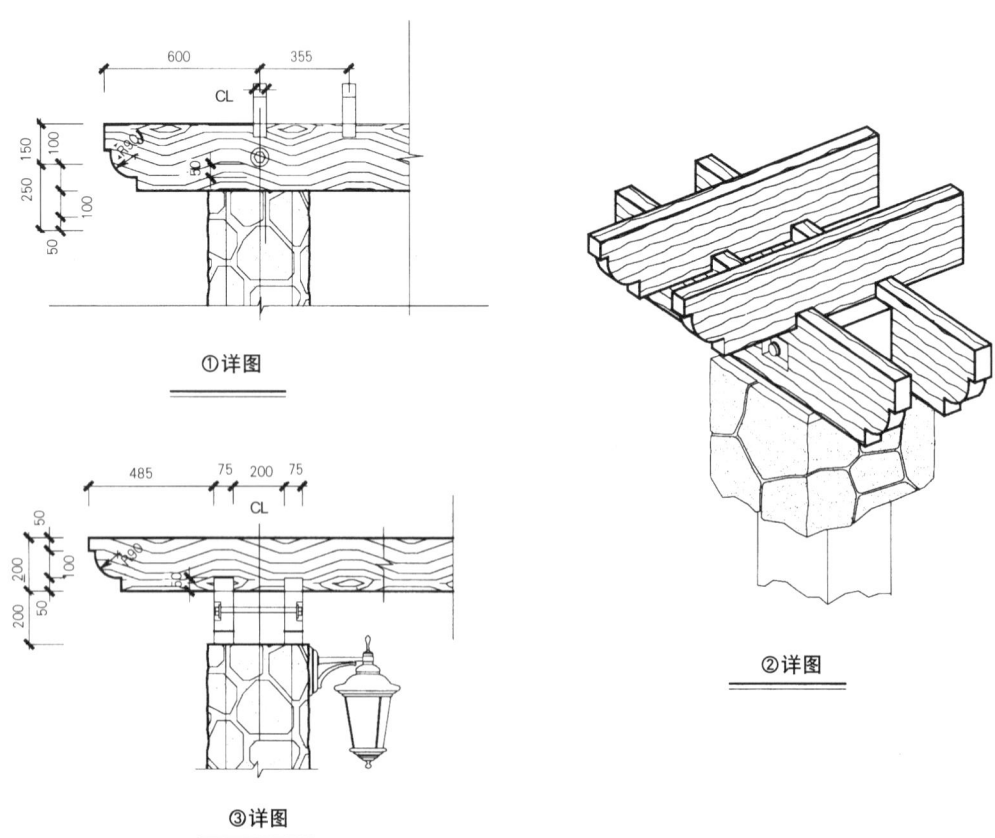

①详图

②详图

③详图

图 3.2.10

正立面图

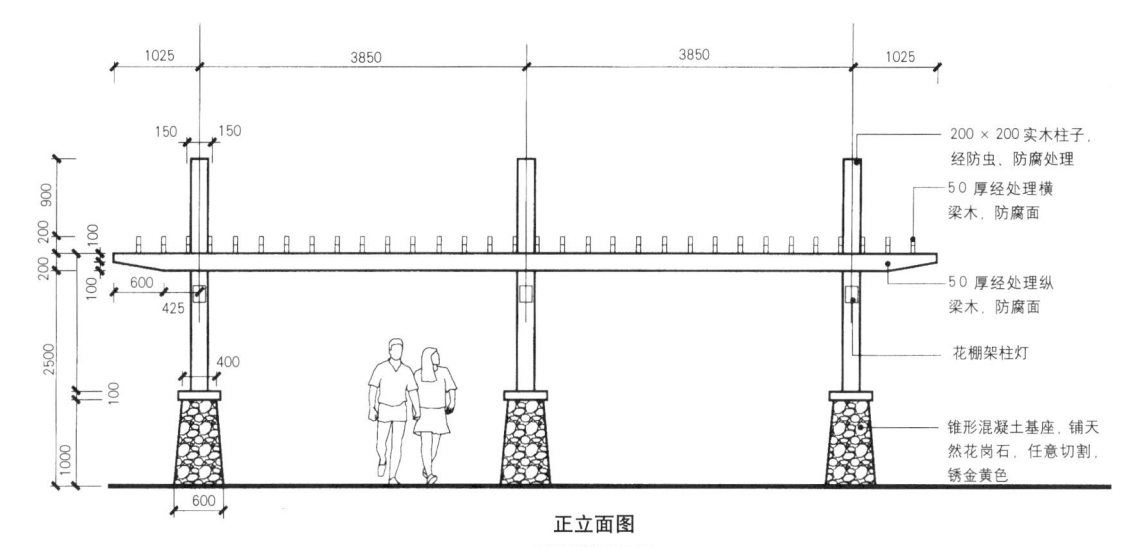

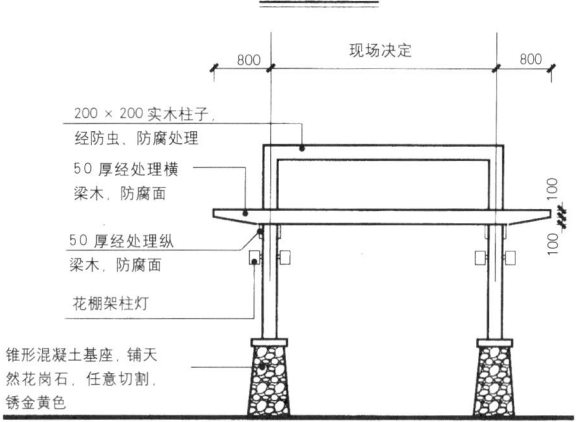

侧立面图

平面图

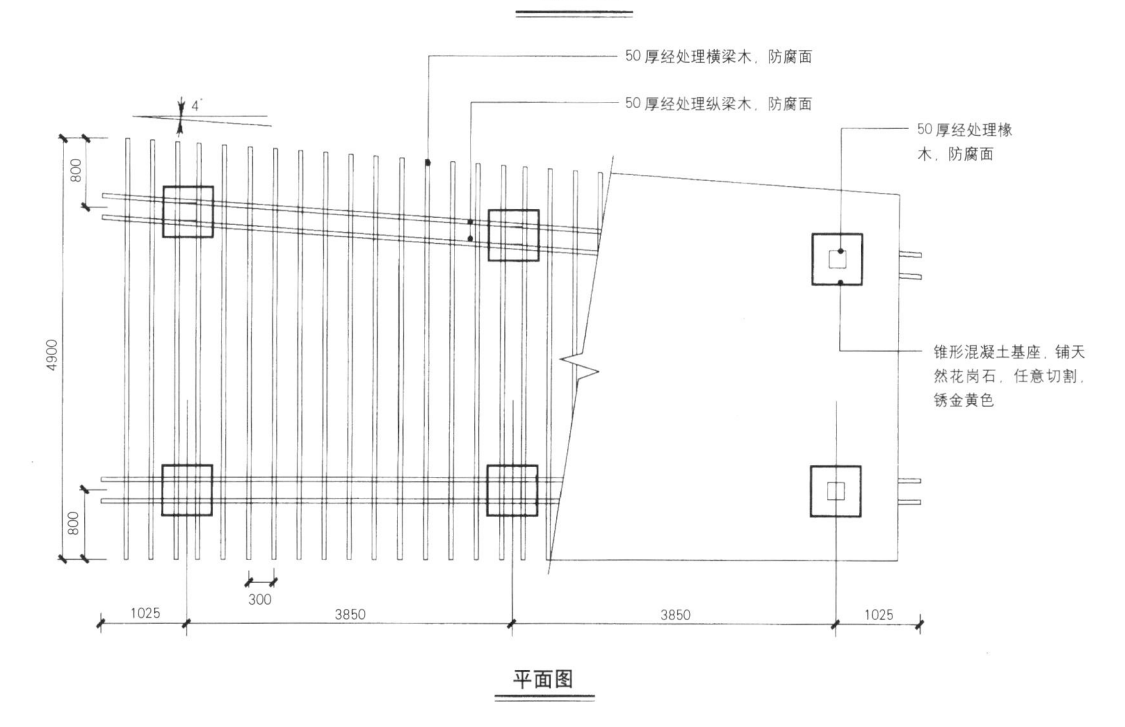

图 3.2.11

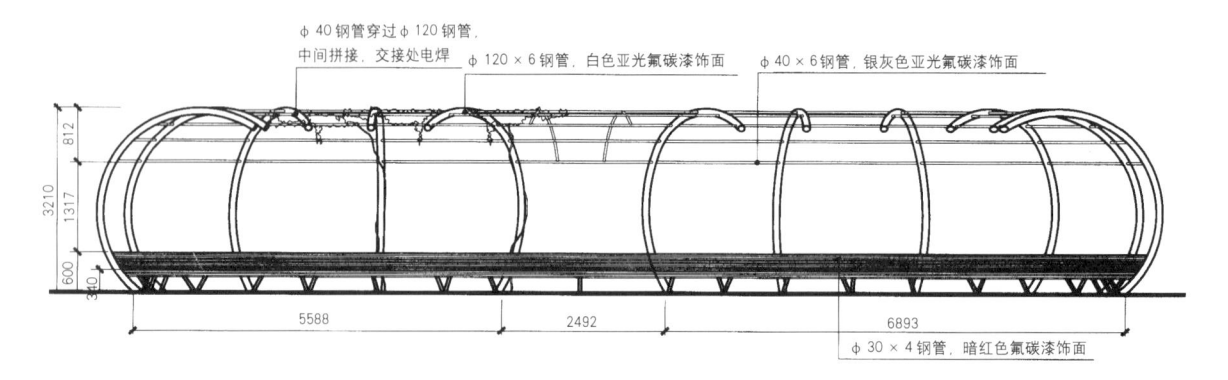

紫藤架立面图

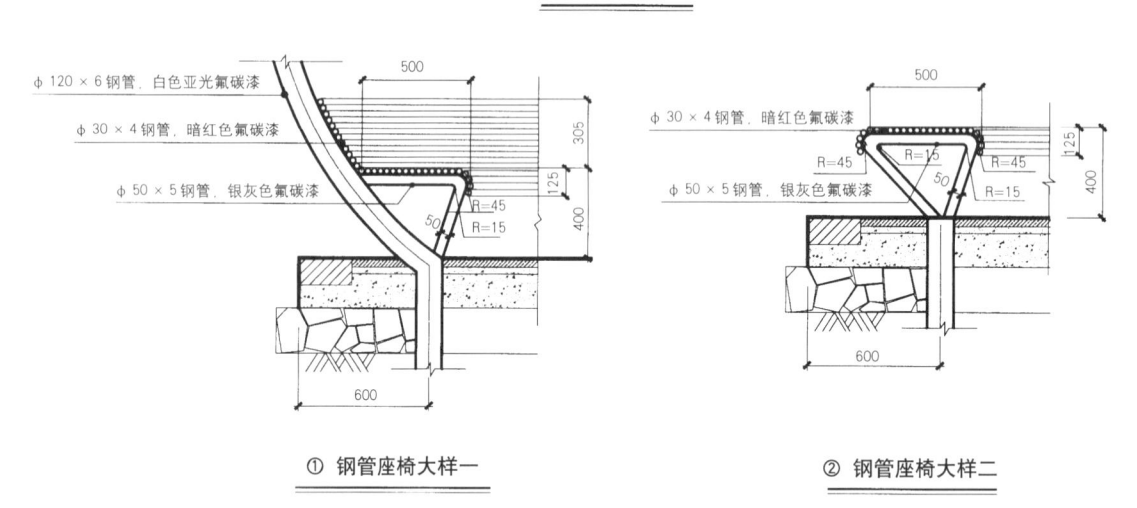

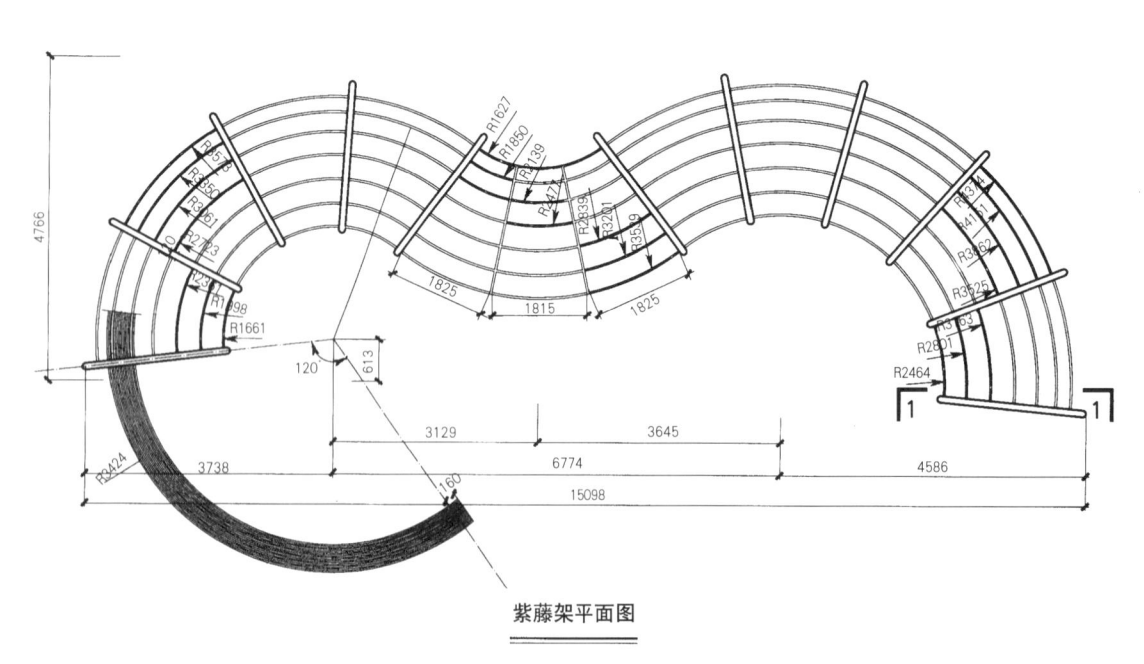

① 钢管座椅大样一

② 钢管座椅大样二

紫藤架平面图

图 3.2.12a

1-1 剖面图

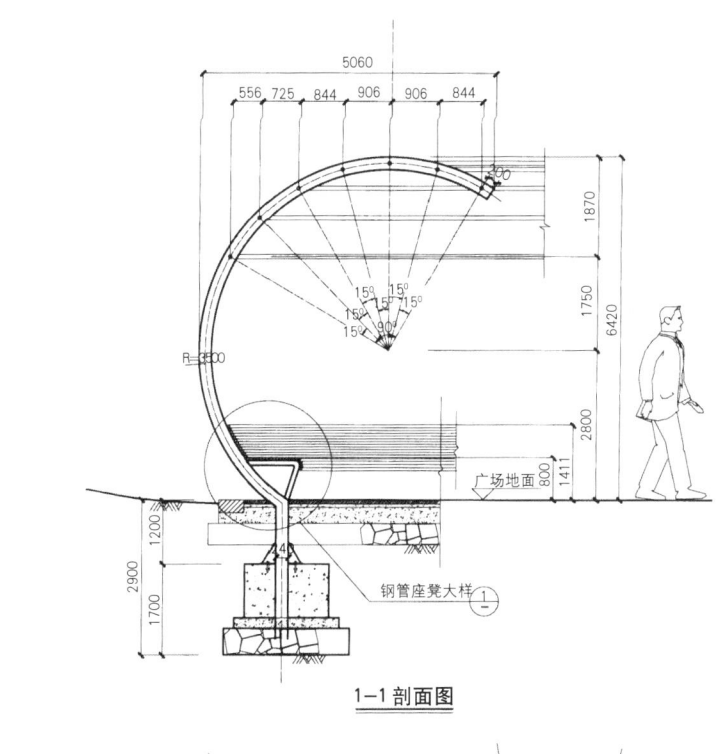

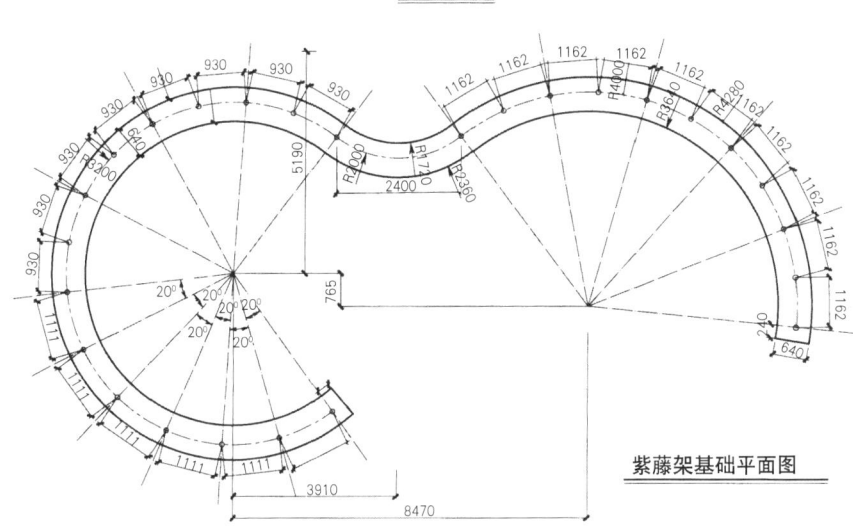

紫藤架基础平面图

图 3.2.12b

三、施工

由于植栽具有生命力的特性，使得植栽工程的施工有别于其他环境工程，必须特别注意方式的正确性，才能提高植栽的存活率，达到预期的植栽设计目标。以下就移植前与现场施工所需注意事项加以解说：

1. 移植前准备。植栽的根系需要土壤来支撑与提供养分、水分，在移植过程中，植栽必须离开原有生长环境，根系和枝叶会受到一些伤害，必须当外界生长环境适合时才能在移植后快速恢复生命力，因此移植的择期非常重要。再者，若移植大型树木，则要在移植前做断根的处理，以免伤害到主要的根系。

2. 现场种植方式。地面上若同时种植数种植栽时，应该依照大树、小树、蔓藤植物、草本植物、草皮等顺序种植，以免后期施工损伤先前种上的植物。水生植物则应该在水池工程完工、可供应水电后才种植。上述各种分类又有各自该注意的施工方式，在施工的平面图、立面图等相关图片上会注释清楚，此处不详述。要特别注意根部透气与排水、导水相关设施的处理。

思考题

1. 对于某些生硬的建筑外立面，藤蔓植物是软化界面的可行办法之一，设计过程中，我们应注意些什么？

2. 在植栽过程中，我们应采取哪些措施来提高树木的存活率？

3. 我们设计的木作花架都要求进行防虫、防腐与防水处理。通常，哪些部位要提高"三防"等级？另外，在构造方式上还可采取何种方式提高牢固性和延长使用年限？

第四章
城市公共空间水景作法

一、设计

(一)游泳池和大型观赏水池

由于人要接触这类水池,通常要求有循环过滤和氯消毒设备。衬垫层可以是聚合物、外包聚合物的金属、钢筋混凝土和石材或钢筋喷射混凝土(压力喷射水泥砂浆)。表面通常使用环氧涂料、装饰用光滑的灰泥或易清洗的瓷砖以及提供适合人们接触的面层。水池经常与水景结合,包括小瀑布、喷雾、喷射。考虑公众健康的因素,许多地方法规要求对公共观赏水池和喷泉进行彻底过滤和处理。循环泵、水处理和季节性维护是经济长远考虑的关键。

(二)小型花园水池和观赏池塘

这些尺度的水景面积可以是在 $2m^2 \sim 75m^2$ 之间,在建筑水池时一般将聚合物橡胶卷材直接铺在地基之上的砂垫层上,但在大面积应用时要用压力喷射水泥砂浆注入钢筋网。深度小于450mm的浅池,水必须进行循环来增加氧气,且必须监测氧含量及PH值以适应水生生物的生长。通常在这类景观中会使用循环泵、展示性水景及池边种植大量植物。在干旱地区常利用循环水作为水源。

(三)设计要求

水景能为一项设计产生很好的娱乐性和美学效果。水景元素包括:喷射喷泉或瀑布跌水、水池结构和观赏池塘系统。设计师必须了解欲达到的与水景设计相关的水力和结构方面的知识,以及对场地的视觉质量、人类的利用和区域水资源冲击的情况。

(四)应用水景时需要考虑的问题

水景是强有力的设计元素,能改变人们对环境的感知。但在决定是否设水景时需考虑以下因素:

1. 设计水景时,安全永远是首要的问题。考虑到儿童可能在无人照看的情况下会来到水景中,所以应选择类似外露水池的水景。法规要求水在超过一定深度或设计标准时要在周围设栏杆。

2. 在干旱缺水地区采用水景要特别小心。系统中的水要设计为持续循环利用。如可能应选择非饮用水。许多法规要求观赏喷泉利用循环水。

3. 蒸发是水景失掉水分的重要因素,特别是在炎热干旱的气候条件下。风口、大型浅水池、喷雾及水体的运动蒸发失水是最大的。人们在泳池的活动或水景的展示能使水的蒸发量提高40%~70%。有些法规限制使用喷头设备或限制某一场地水体的总面积。

4．在寒冷地区，要考虑冬季无水的几个月中的景观效果。在略微寒冷的气候下加热的水池也应考虑保温设施。

5．水景的设计和安装费很高，而且随着功能、大小、复杂程度、材料选择及场地条件而变化。水体若能实现多种功能（即美学、相互作用、野生动物栖息、灌溉、防火、雨水管理），则其投资比单一展示功能更有价值。

6．维护费也相当昂贵。通常水池要求在运行中进行水处理，以及不断地清洁和维修。长期管理必须慎重以保障最初设计和安装投入的有效性。

（五）水景效果

表4.1.1介绍了不同水景效果的特点。效果分为静水和动水，后者是利用重力或施加压力使水产生运动。根据场地条件选择适当的效果是设计的任务。

表4.1.1 水景效果的特点

效果	视觉	声响	飞溅	风中稳定性
静水				
反射体 深色水池	好	无	无	较好
窗口 浅色水池	中等	无	无	极好
波纹 表面有干扰的反射体	好	几乎无	无	极好
活跃体 表面有干扰的窗口	中等	几乎无	无	极好
落水效果				
间断的水幕 间断的水堰	好	中等	较大	好
水帘 连续的水堰 低流速	中等	低	中等	尚可
重力喷涌 循环喷射	好	中等	较大	好

续表

效果	视觉	声响	飞溅	风中稳定性
流淌效果				
平滑水墙 低流速	中等	小	无	极好
有气体的水墙 有织纹的表面 流速中等	极好	中等	中等	好
平静的小溪 低流速 浅池	中等	几乎无	无	极好
欢快的小溪 流速高 水流受到干扰	好	小	几乎无	极好
跌水效果				
瀑布跌水 垂直方向	好	中等	较大	极好
阶状式 不规则台阶	极好	中等	中等	好
水台阶 规则台阶	极好	中等	中等	好
水阶梯池	好	中等	中等	极好

续表

效果	视觉	声响	飞溅	风中稳定性
喷涌效果				
水柱 循环喷射 最小的紊乱	好	中等	较大	尚可
有气体的水花 循环喷射 紊乱大	极好	中等	中等	尚可
喷雾 喷出为小水滴	好	小	几乎无	差
水幕 线性水流 紊乱最小	好	小	几乎无	差

喷泉的设计可采用多种水的效果，如泼溅、喷射、瀑布和反射。喷管有很多不同型号和效果。通常，喷泉可向四周旋转15°，使水对准恰当的目标。流过不同喷管的水量可以不同，从每分一加仑到每分几百加仑。

有两种基本的瀑布设计：平滑流动瀑布和充气瀑布。通常来说瀑布需要最小水深为15mm，但加大深度效果更好。加到瀑布低坝上的金属会产生平滑流动的效果，而且能解决平稳问题，在坝上金属边被利用的地方仅60mm深的水就能产生大片水流效果，平坝也可造成大片的水的平滑流动。

产生泡沫流的充气瀑布要在至少有三个台阶的地方才能有效果。流过第一个台阶的水产生瀑布流效果，但经过第三个台阶时水就可以起泡了。通常，流经第一个台阶的水是台阶高度的1/8。因此，15mm的水深需要100mm台阶高度或台阶竖板高度，而60mm深的水需300mm台阶高度。台阶宽度或叫台阶级宽等于台阶踏步竖板高度或比它高25%。要想看得再真切一些，水平与竖直的最大比率应是1.5:1，最小是1:1。台阶级宽最大宽度应是300mm。

二、构造

（一）蓄水结构

所有水景都有蓄水系统。除了有些喷泉利用隐蔽蓄水池外，蓄水系统通常与水池构造或池塘系统合为一体。选择蓄水形式是设计的一项主要任务。

（二）池体结构

1. 表4.1.2介绍了建造水池的常用材料。材料的选择受审美、气候条件、造价、场地条件(地基、建造方式等)的影响。

2. 人工水池有多种边缘处理方法，最常用的是边缘悬挑来遮挡水波和隐蔽水面各种脏物。

3. 图4.1.1为悬挑边缘观赏用水池设计的标准尺寸，以及图4.1.2和图4.1.3为城市公共区域的水池设计详图。

4. 图4.1.4为压力喷浆混凝土游泳池的典型建造方法。

5. 水池附近的地表水不应排入池内，坡度要向外，将水排到水质保留区中。但大型水景池边应该至少有600mm表面坡向池内，使溅溢出的水流回水池中。

表4.1.2 建造水池的常用材料

材料	应用	装饰	建造方法	预期寿命
现浇混凝土	大型展示、观赏和娱乐水池	可以是彩色、织纹、涂料或瓷砖	用大量波特兰水泥与高级骨料混合的混凝土；现场制作完成	长
预制混凝土	小型展示水池；用于外形、尺寸控制精确或要求预制	可以是彩色、涂料或瓷砖	连接处必须做密封、防水，且在水堰和水墙处理要特别小心	长
压力喷浆混凝土	观赏展示水池和游泳池，希望是自然式或流线型；重量轻以适用于构筑物	可以是彩色、涂料、瓷砖或仿造自然石材质地	现场铺设钢筋网、框架，水泥喷射进去。用于以后放石头或水生植物花盆的墩子也在现场制作	长
石材	观赏展示水池，追求华美、永久或自然	可以用天然大石头或人造石，或切割打磨成光滑或粗糙表面	石材可以是灰泥粘结的薄层贴面，或是在排水垫上的薄膜上	长
砖	观赏展示水池，与砖铺装或邻近的结构很好地结合为一体	砖可以用干净涂料抹光或封严，以利于维护	要求密封；节点必须慎重处理特别是在水堰和水墙处	中等至长
金属	小型水池装置和结构；对于防渗漏要求严格处是很好的选择	高质量抛光表面	通常涂有聚合物涂层或环氧密封剂	中等
玻璃纤维	小型装置；对于结构上要求轻质材料是很好的选择	一般成型后较光滑	通常先预制，安装后再上涂料	中等

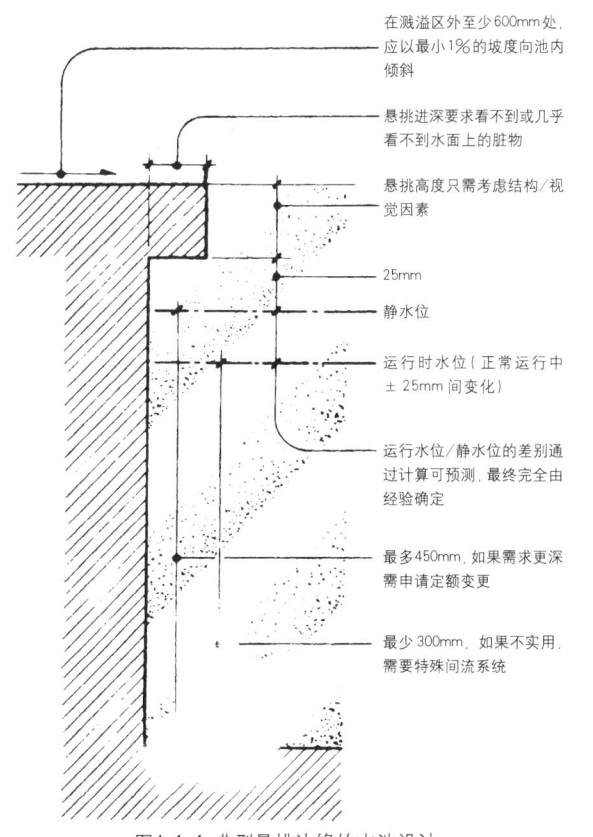

图4.1.1 典型悬挑边缘的水池设计

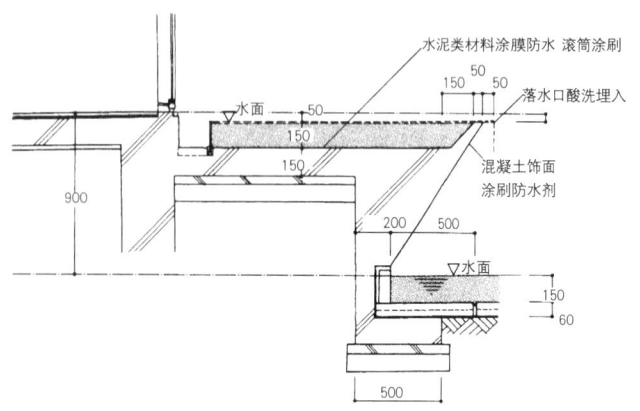

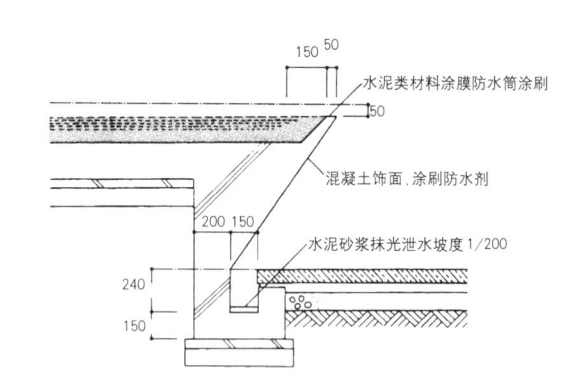

水池结合部详图

图 4.1.2

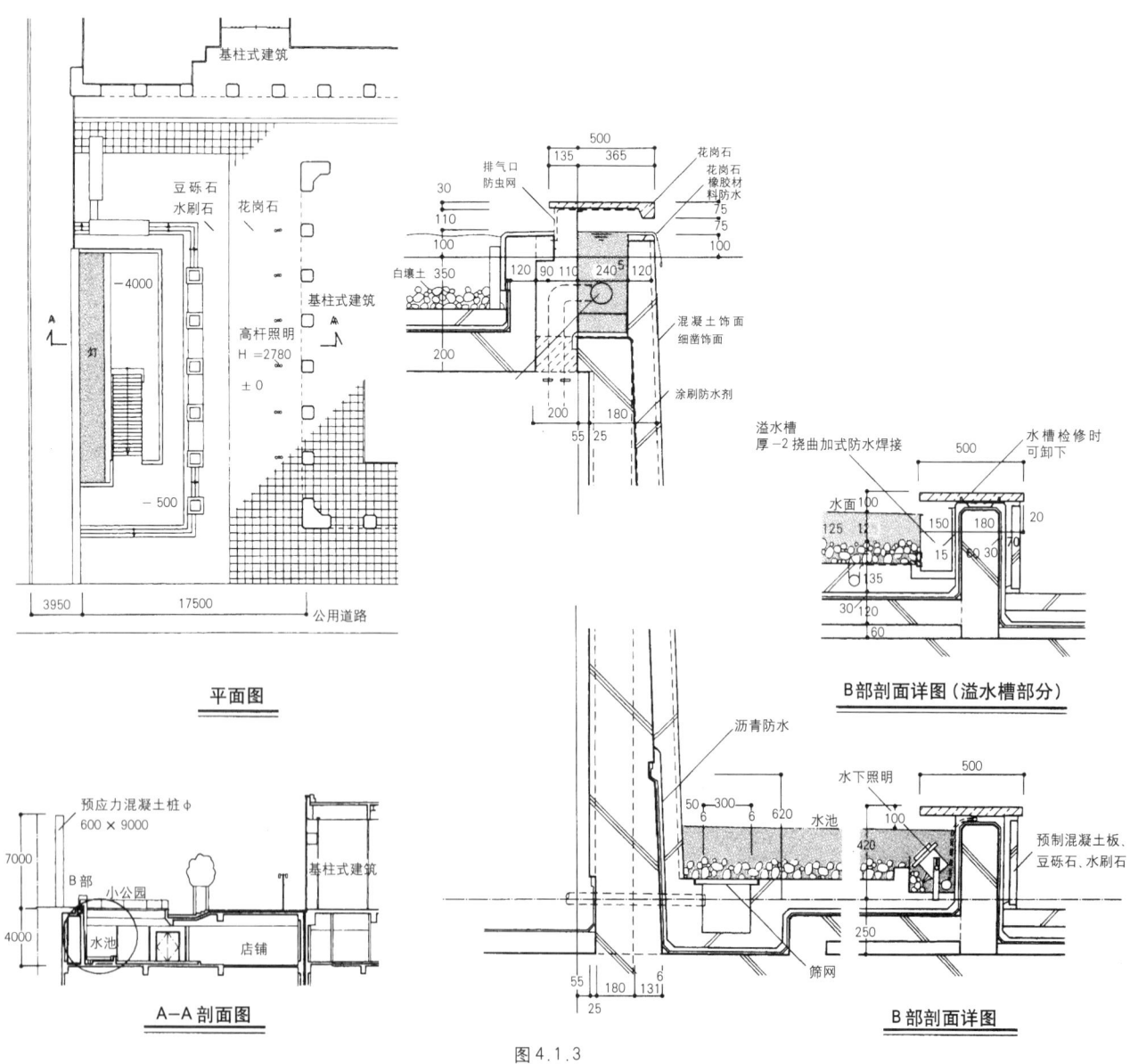

平面图

A—A 剖面图

B 部剖面详图（溢水槽部分）

B 部剖面详图

图 4.1.3

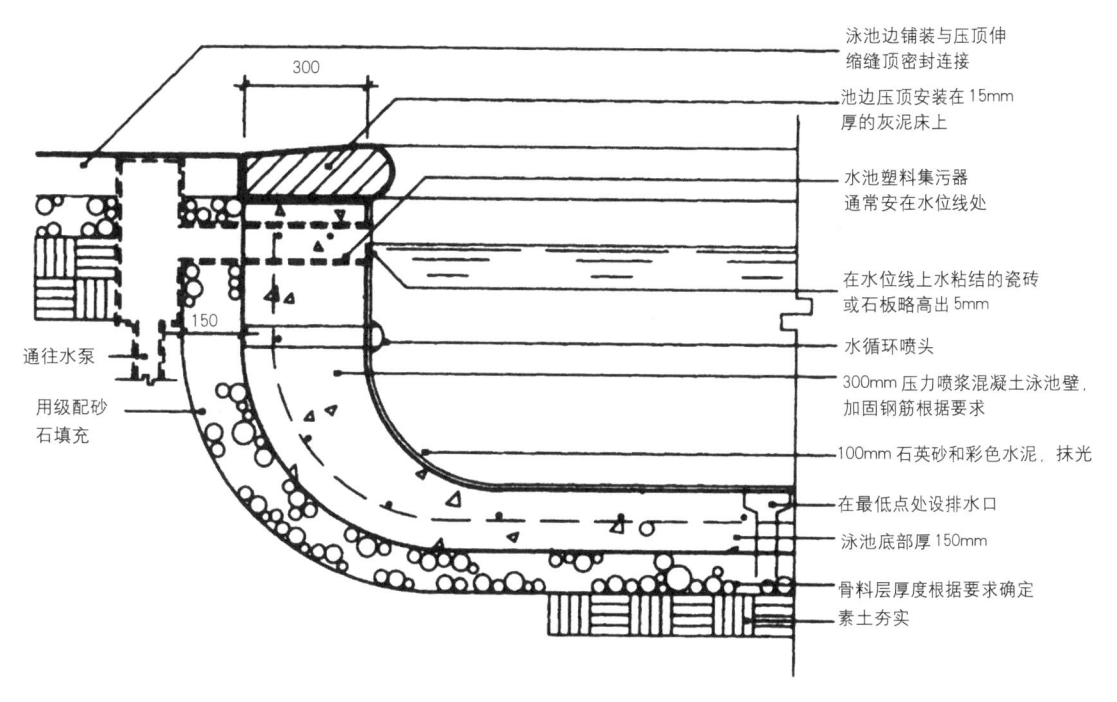

图4.1.4 典型的压力喷浆混凝土游泳池设计

（三）深度

1. 用于观赏展示的水池其深度在300mm～450mm间变化。而深度超过450mm通常作为游泳池考虑，且有进一步规定，包括竖立围栏或其他围障。

2. 喷泉的蓄水池通常要求至少300mm深。

（四）干舷

1. 干舷(水位线与水池边上部的距离)要求随池边条件、功能而变化。溢水槽法也被认为是无限边界，提供了无需干舷的设计。悬挑和台阶边缘要求至少有25mm的干舷，而座墙或植物边缘要求干舷达到150mm。

2. 当涉及多个水池时，低处的水池必须设计为能容纳不运行时较高的水位，以及适应运行时的较低水位。差别在于运行时水会流到水堰后和其他设施中。

（五）防水

1. 在所有路面连接处及管道穿过处应做止水环(图4.1.5)。抹灰、贴瓷砖或用环氧涂料刷水池或使用人造橡胶涂层都需要另外做防水处理。

2. 在结构上或易膨胀的土壤上设置水池，由于担心渗漏，对防水保护要求特别高。通常使用连续的防水薄膜、玻璃纤维或金属外壳。

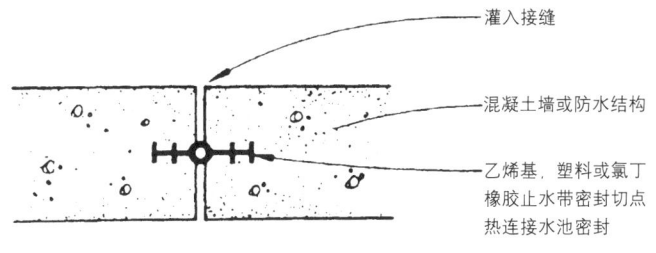

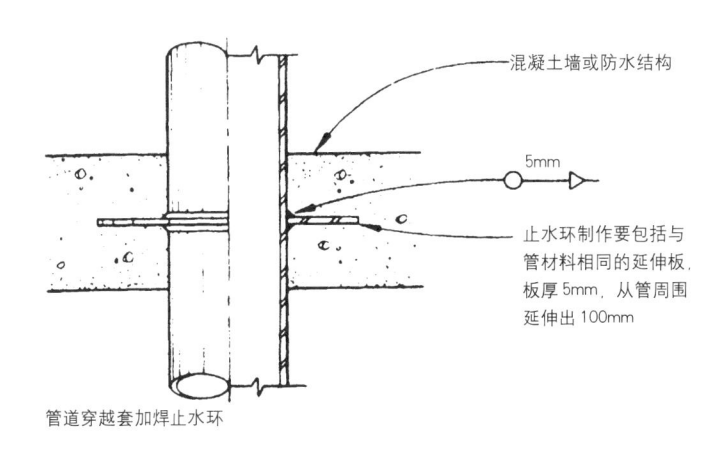

图4.1.5

要制作保护罩，而另一些要排空水，用不透水的密封带把灯塔封上。而且，固定在水池底的灯需要最小为50mm~75mm的水池底部的水来冷却。

壁龛灯也放入水中的基座上，升高到距水面50mm之内。以这种方式安灯，照明效果很好。

在设计或选择照明与其他喷泉设备时，另一个需要重点考虑的对象是没水时喷泉外观如何，装上的东西是否漂亮。它是放在保护栅下面，还是同水池、墙或地板成为一个整体，设计时应仔细考虑。

思考题

1. 在设计私家花园的水池时，应把握哪些设计原则？
2. 水景是强有力的设计元素，在干旱炎热的地区，我们需考虑哪些综合因素？
3. 在进行池体构造设计时，采用哪些方式可使地表水不至于直接流入池内？

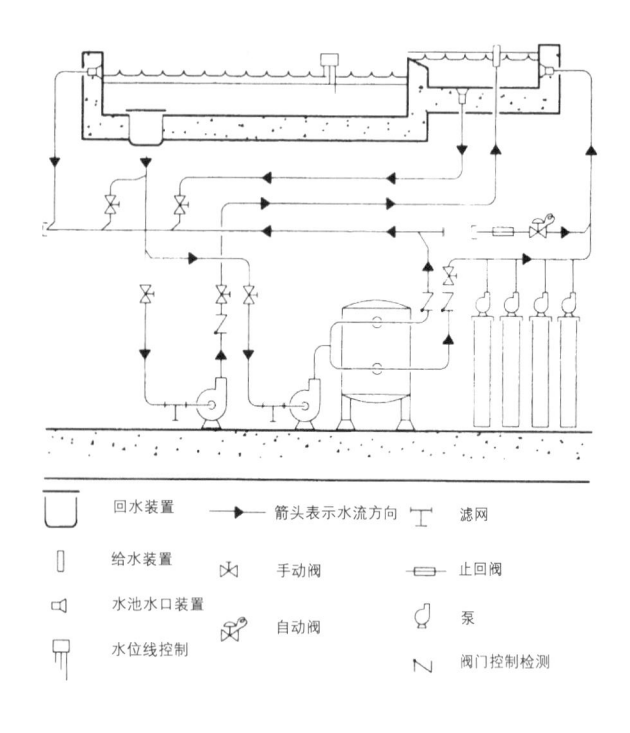

图 4.1.6 喷泉示意图

三、施工

（一）喷泉细节

喷泉底常漆成黑色以增加池塘表面的反射性与深度感。水池底也常用砖或石头铺成。

（二）管子

喷泉管子常常是黄铜装置。如果镀锌管被连到铜件上，材料连接的地方，电解会导致热分解。电解质的装置有助于限制这个问题。

排水装置放在水池底部之后，水池可清洗或为适合过冬把水排尽，还要有过滤系统、氯注射器、风速器或可用来增加溅出或蒸发而浪费掉的水的自动装置。完全自动装置可用来把喷泉打开、关掉或控制其他设备（图 4.1.6 为喷泉功能组成示意图）。

在喷泉底下或在毗邻建筑物中，要提供足够的机器设备空间，而且要留出修理这些设备所需的空间。

（三）喷泉照明

夜晚照明可为喷泉提供戏剧性的效果。照明可装在紧挨池底的地方，但它们一定得能耐寒。一些灯还

附录1：图例

剖面图

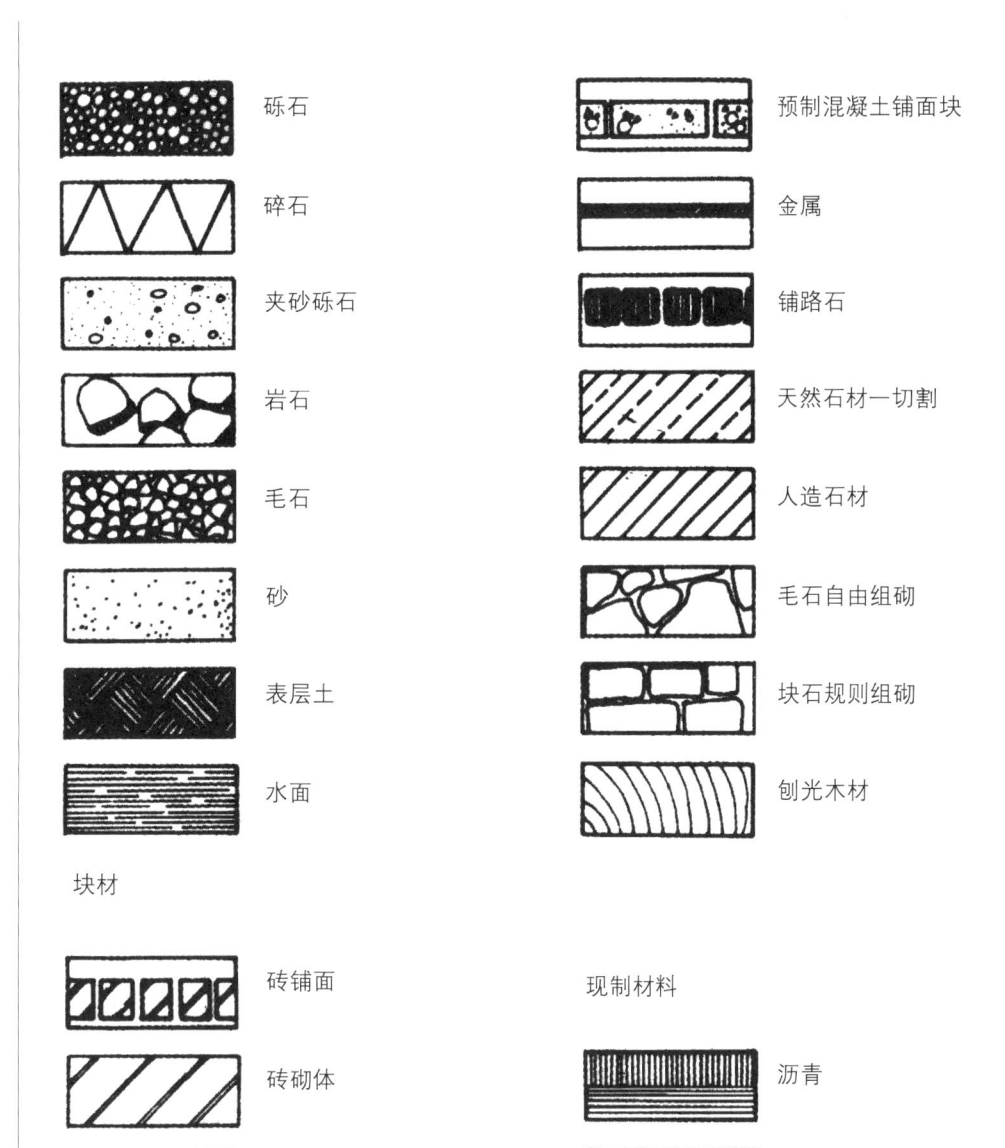

图例	名称	图例	名称
	砾石		预制混凝土铺面块
	碎石		金属
	夹砂砾石		铺路石
	岩石		天然石材—切割
	毛石		人造石材
	砂		毛石自由组砌
	表层土		块石规则组砌
	水面		刨光木材

块材

图例	名称
	砖铺面
	砖砌体
	鹅卵石
	预制混凝土工程块

现制材料

图例	名称
	沥青
	现浇混凝土
	砂浆

景观建构

平面图

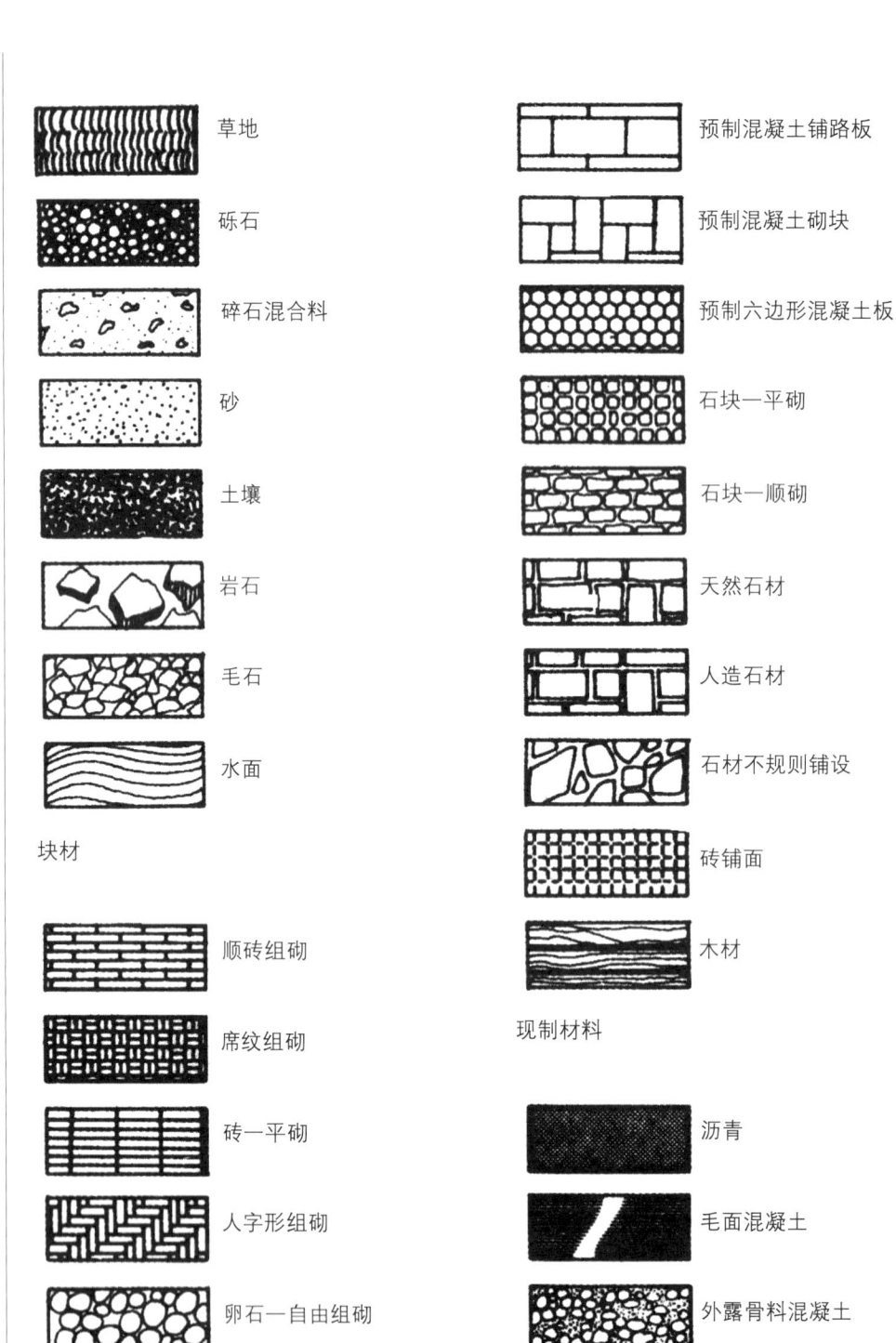

图例	名称	图例	名称
	草地		预制混凝土铺路板
	砾石		预制混凝土砌块
	碎石混合料		预制六边形混凝土板
	砂		石块—平砌
	土壤		石块—顺砌
	岩石		天然石材
	毛石		人造石材
	水面		石材不规则铺设

块材

	顺砖组砌		砖铺面
	席纹组砌		木材

现制材料

	砖—平砌		沥青
	人字形组砌		毛面混凝土
	卵石—自由组砌		外露骨料混凝土
	卵石—规则组砌		光面混凝土
	扁平卵石平行排列		压花混凝土

附录 2：单位换算表

数值	从英制单位	到公制单位	乘以系数
长度	英尺(foot)	米(m)	0.3048
		毫米(mm)	304.8
	英寸(inch)	毫米(mm)	25.4
面积	平方英尺(square foot)	平方米(m^2)	0.09290304
	平方英寸(square inch)	平方毫米(mm^2)	645.16
体积	立方英寸(cubic inch)	立方厘米(cm^3)	16.387064
		立方毫米(mm^3)	16387.064
	立方英尺(cubic foot)	立方米(m^3)	0.0283168
		立方厘米(cm^3)	28.31685
		升(L)	28.31685
	加仑(gallon)	升(L)	3.785.41
质量	磅(lb)	千克(kg)	0.453592
	千磅(1000 磅)	公吨(metric ton)	0.453592
	(kip(1000lb))		
质量 / 单位长度	磅 /（线）英尺(plf)	千克 / 米(kg/m)	1.48816
质量 / 单位面积	磅 / 平方英尺(psf)	千克 / 平方米(kg/m^2)	4.88243
质量密度	磅 / 立方英尺(pcf)	千克 / 立方米(kg/m^3)	16.0185
力	磅(lb)	牛顿(N)	4.44822
	千磅(kip)	千牛顿(KN)	4.44822
力 / 单位长度	磅 /（线）英尺(plf)	牛顿 / 米（N/m）	14.593.9
	千磅 /（线）英尺(klf)	千牛顿 / 米（KN/m）	14.593.9

斜率

比率 升高/水平距	角度	百分比（%）
1:1	45°	100
1:2	26°34'	50
1:3	18°26'	33(1/3)
1:4	14°02'	25
1:5	11°19'	20
1:10	5°43'	10
1:15	3°39'	6(2/3)
1:20	2°52'	5
1:40	1°25'	2(1/2)
1:50	1°09'	2
1:60	0°57'	1(2/3)
1:80	0°43'	1(1/4)
1:100	0°34'	(2/3)

/ 全国高等院校环境艺术设计专业规划教材 /

后 记

本书作为"全国高等院校环境艺术设计专业规划教材"之一,在编写过程中,充分考虑了高校学生的知识构成和从业能力要求。笔者一直致力于学生的思维训练、技法训练和实践能力培养三位一体,构建"设计——构造——施工"三个方面的知识,所以在汇编书中的图表时,每章每节都针对特定环境设计了一个或多个相关的特定的细部,同时煞费苦心地尽量多地精选了那些代表性和实用性均强的景观细部构造大样。笔者希望读者能够从中得到些许启示,使本书起到抛砖引玉和为设计者省时省力的作用。若有此效,笔者将深感欣喜和快慰。

本书中的不少原图由于各类施工图式样繁多,尽管作了反复仔细的核对,仍难免有疏漏欠妥之处,望读者同行批评斧正。

本书的图片整理编辑工作得到了袁玉康等建筑系研究生的协助,在此一并表示感谢。

书中部分景观细部构造大样的例图选自"主要参考文献"中的图书,由于无法直接与出版社或作者取得联系,借此向有关出版社和作者表示歉意和感谢。

主要考参文献:

[1] 迈克尔·利特尔伍德著,李健,高莹,胡一可译.景观细部图集[第一版].大连:大连理工大学出版社,沈阳:辽宁科学技术出版社,2001年
[2] 金井格等著,章俊华,乌恩译.道路和广场的地面铺装[第一版].北京:中国建筑工业出版社,2002年
[3] 哈维·M.鲁本斯坦著,李家坤译.建筑场地规划与景观建设指南[第一版].大连:大连理工大学出版社,2001年
[4] 汉尼鲍姆著,宋力等译.园林景观设计——实践方法[第一版].沈阳:辽宁科学技术出版社,2004年
[5] 阿伦·布兰克著,罗福午,黎钟译.园林景观构造及细部设计[第一版].北京:中国建筑工业出版社,2002年
[6] 尼古拉斯·T.丹尼斯,凯尔·D.布朗著.刘玉杰,吉庆萍,俞孔坚译.景观设计师便携手册[第一版].北京:中国建筑工业出版社,2002年
[7] 黄世孟著.地景设施[第一版].大连:大连理工大学出版社,沈阳:辽宁科学技术出版社,2001年
[8] 潘雪,廖乾旭著.景观施工图设计资料集[第一版].北京:中国建筑工业出版社,2006年